AF370799

MONOGRAPHIE

POUR SERVIR

A L'HISTOIRE NATURELLE

ET BOTANIQUE

DE LA FAMILLE

DES PLANTES ÉTOILÉES;

Ouvrage couronné dans la séance publique de l'academie royale des sciences, arts et belles-lettres de Lyon, le 7 Décembre 1790.

PAR

M. WILLEMET,

Doyen du collége de pharmacie, demonstrateur roy. de chymie et de botanique au collége et à la faculté de médecine de l'univers. de Nanci; des acad. des sciences, arts et belles-lettres de Lyon, Dijon, Rouen, Arras, Orléans, Mayence. Stockholm; de l'acad. imp. des curieux de la nature d'Allem.; membre hon. des soc. roy. élect. patriot. botan. phys. et écon. de Suéde, de Leipsic, de Bâle, de Berne, de Bourghouse, de Hesse-Hombourg; des soc. roy. et nation. de médecine, d'agriculture et d'hist. nat. de Paris; de la soc. Linn. d'Angleterre, et ancien officier municipal de la ville de Nanci.

A STRASBOURG,

Chez AMAND KOENIG, libraire.

1 7 9 1.

PRÉLIMINAIRE

DE L'ÉDITEUR.

L'académie des sciences, arts et belles-lettres de Lyon ayant observé que, jusqu'à ce jour, elle n'avoit considéré dans le choix des sujets qu'elle avoit proposés pour les prix d'histoire naturelle, fondés par M. Adamoli, que l'application qu'on en pouvoit faire dans les arts, et que néanmoins, suivant l'intention du fondateur, elle devoit aussi concourir directement au progrès des diverses branches qu'embrasse cette science, elle a dans cette vue demandé ce qui suit, par un programme publié en 1789.

„ *Rassembler les notions acquises sur la fa-*
„ *mille naturelle des plantes, distinguées par*

„ *Ray et par Linné, sous le nom de* STEL-
„ *LATAE.* „

„ *En déterminer rigoureusement les genres*
„ *qui se trouvent en Europe, en examinant si*
„ *ceux qui ont été établis par les botanistes mo-*
„ *dernes, sont naturels ou artificiels.* „

„ *Décrire avec précision toutes les espèces*
„ *européennes, dans les termes techniques,*
„ *adoptés par les modernes, suivant la mé-*
„ *thode de Linné.* „

„ *Décrire plus particuliérement les espèces*
„ *qui n'auroient pas été reconnues ou suffisam-*
„ *ment déterminées.* „

„ *Distinguer exactement les variétés essen-*
„ *tielles, notamment dans le genre du Caille-*
„ *lait (* GALLIUM.)

„ *Enfin joindre aux descriptions, les syno-*
„ *nymes des meilleurs auteurs, l'indication des*
„ *figures, qu'ils ont publiées, et s'il est pos-*
„ *sible, communiquer des échantillons desséchés*

„ *des espèces ou variétés, sur lesquelles porte-*
„ *roient des observations nouvelles.* „

„ L'académie n'ignore pas que plusieurs
„ botanistes célèbres ont de nos jours ré-
„ pandu beaucoup de lumières sur cette
„ famille de plantes ; mais il est vraisem-
„ blable que, quoique restreinte à un petit
„ nombre de genres et d'espèces, elle pré-
„ sente encore des découvertes à faire.
„ Quoiqu'il en soit, rapprocher dans un
„ même ouvrage les lumières éparses, pour
„ les comparer, ce sera les rendre encore
„ plus utiles. „

Cette famille de plantes *étoilées*, présen-
toit de vraies difficultés, surtout dans la dé-
termination des espèces et des variétés du
genre nommé GALLIUM, *Caille-lait.* Aussi
le concours, suivant le dernier programme
de l'académie, a-t-il été peu nombreux,
mais si les mémoires qui y ont été admis

laissent encore à désirer sur un sujet très-difficile , cette illustre compagnie a vû avec satisfaction qu'elle avoit donné lieu au travail de deux savans qui ont concouru chacun avec un mérite particulier ; l'un et l'autre ont écrit en françois.

Celui de M. Willemet, est intitulé : *Monographie pour servir à l'histoire naturelle de la famille des plantes étoilées.* Cet écrit est complet dans l'énumération des espèces nouvellement indiquées , et se distingue par la méthode, la clarté, les recherches et l'érudition ; il peut devenir infiniment utile à ceux qui s'adonnent à la botanique. L'académie en décernant ce prix , s'est félicité publiquement d'avoir été dans le cas d'ajouter une fleur à toutes les couronnes académiques qu'a déjà obtenues son savant associé. Après ce jugement de l'académie, qui renferme dans son sein les plus savans botanistes de l'empire françois, et sur son invitation, l'auteur s'est déterminé à le livrer à l'impression.

Cette Monographie offre donc la réunion des plantes *étoilées* européennes, de l'immortel Ray et du Pline suédois, ensemble celles qui ont été découvertes depuis peu, ce qui présente neuf genres, contenans soixante et dix espèces, sans compter les variétés. C'est l'histoire naturelle et botanique de toutes ces plantes que nous publions. A une synonymie choisie se trouvent réunis la description complette de toutes les parties de chaque végétal, le temps du développement de la fleur, les contrées et les endroits de son origine, son usage dans la médecine, l'économie, la vétérinaire, les arts, comme pour la teinture, la cuisine, l'office, aux tourneurs, aux huiliers, à la nourriture des hommes et des animaux, l'ornement des jardins, la maniere de le cultiver et de le propager ; l'indication des principaux écrivains qui en ont traités isolement ; ceux qui en ont perpétué le souvenir par le burin, enfin les morceaux de poésies latines consacrées à son honneur.

La sublimité des loix de la botanique peut se passer de l'emphase et de l'obscurité de nos expressions. Plus on porte la lumière dans son sein, plus on la trouve admirable. Cette Monographie démontre impérieusement la vérité de ce passage.

Strasbourg, au mois de Mai 1791.

AMAND KOENIG.

PRÉLIMINAIRE.

On ne peut disconvenir que les végétaux ne soient des corps organisés, qui se nourrissent et croissent sans se mouvoir et dont chaque partie possède elle-même une vitalité isolée et indépendante des autres, puisqu'ils ont la faculté de se reproduire, au moins est-ce le sentiment de nos plus savans physiciens.

Les humides vallons, les côteaux rians, les montagnes escarpées, les endroits palustres, les bois touffus, ainsi que les taillis, offrent à l'œil du botaniste, les plantes de la famille des ÉTOILÉES.

Jean Ray, célèbre botaniste anglois du siècle dernier, auteur de plusieurs ouvrages excellens sur l'histoire naturelle, parmi lesquels on distingue sa méthode et son histoire des plantes, ce qui lui a fait donner la juste dénomination de Tournefort anglois, a consacré aux étoilées le livre dixième de la premiere partie de son histoire des plantes. Ma tâche est de réunir ici et d'allier cette famille de plantes à celle à qui le chevalier de Linné a donné le même nom. Il faut donc en rapprocher les individus, en faire connoître les caractères naturels, génériques et spécifiques, enfin en décrire chaque partie.

J'ajouterai à cela, une concordance des noms; une synonymie choisie : un mot de leurs vertus et propriétés tant médicinales, qu'économiques. J'indiquerai les iconographies de chacune, ainsi que leurs monographies. Je m'efforcerai d'y joindre le plus d'érudition qu'il me sera possible, et d'entrer dans les vues d'une des plus savantes et illustres académies de l'empire françois, à qui l'histoire naturelle, et surtout la botanique, ont depuis plusieurs années de grandes obligations. Je m'estimerai infiniment heureux, si ce foible essai peut fixer un moment ses regards et obtenir ses suffrages.

Mon plan doit être de réunir les divisions de Ray aux espèces du chevalier de Linné, car de tous nos phytographes modernes, c'est assurément ce Pline suédois qui a mieux sçu profiter de l'étude de la nature. Or, pour me conformer aux loix qu'il a si exactement tracées, je dois d'abord caractériser les genres, en présentant avec ordre et méthode, le calice, la corolle, les étamines, le pistil, le péricarpe et la semence,

attendu que ce sont les six parties essentiel-
les qui composent la fruĉtification, et ce
qui doit faire la base constitutionelle des
genres naturels, leurs coupes doivent étre
saillantes et claires.

Comme la famille des plantes ÉTOILÉES,
me fera remarquer des anomalies, des aber-
rations, mon devoir est de les distinguer
et de les éclaircir. Comment tracer une
ligne de démarcation entre plusieurs espèces,
qui, par des nuances imperceptibles, déli-
cates, peu tranchées, me paroissent par là
difficiles à saisir; c'est par l'exaĉte observation
de chaque individu et de ses variétés, que
je pourrai en éloigner la confusion, et
donner des éclaircissemens nécessaires. En
saisissant tous les points communs, par lesquels une espèce a le plus d'analogie avec
une autre, ce sera en quelque façon former
une échelle de concaténation; de sorte
qu'ayant placé la premiere de l'ordre, sui-
vront successivement celles qui paroitront
avoir le plus de rapport entre elles; en conti-
nuant ainsi cette gradation de nuances, on
peut parvenir enfin au dernier anneau de la
chaîne.

Cette famille des ÉTOILÉES, a les feuilles
verticillées, en étoiles, en rayons, qui em-

brassent la tige, au nombre de plus de deux, placées comme par anneaux. La fleur est monopétale, en godet, campaniforme, petite, découpée en quatre segmens; elle est quelquefois incomplette, à quatre étamines et un style bifide; le calice a quatre dents ou presque nul, se transforme en un fruit composé de deux pièces adhérentes par leur base, qui offrent deux semences compactes, ou enfin deux capsules rapprochées et presque réunies. La tige est la plûpart du temps quadrangulaire. La racine de plusieurs espèces teint en rouge, et passe pour être apéritive et diurétique. Les ÉTOILÉES font partie de la quatrième classe du systeme sexuel du chevalier de Linné, qui a pour dénomination : TETRANDRIE ; ce sont les rubiacées de plusieurs auteurs. Ma synonymie commencera toujours par le nom individuel de l'immortel Linné, suivra celui de **Ray** et ceux des autres célèbres botanistes.

Le premier genre qui se présente et me paroit être le plus tranchant, le plus prononcé, est celui de la garance. (*rubia.*) Ce genre a sa corolle monopétale, campanulée, caduque. Son fruit présente deux baies succulentes, glabres, biloculaires, monospermes. La semence est ombiliquée, un peu ronde.

Rubia tire son étymologie du mot *ruber*, parceque sa racine est de couleur rouge.

L'on observe en Europe les espèces suivantes.

Celle qui nous paroit le mieux organisée, qui présente impérieusement dans l'économie et la médecine une utilité réelle, sera l'objet de mon début.

1. GARANCE DES TEINTURIERS.

Rubia tinctorum.

Erythrodanum. Diosc. 471. Rai. *Hist.* 1. 480.

Rubia sativa. J. B. 3. 754.

Rubia. J. R. H. 113.

C'est une plante traînante, dont les tiges et les feuilles offrent une âpreté fort incommode ; sa racine traçante, stolonifère, rampante, vivace, longue, rouge, succulente, branchue, nombreuse, ligneuse, inodore, de la grosseur d'un tuyau de plume à écrire, d'une saveur douce, avec un peu d'astriction et d'amertume, fournit aux teinturiers, une charmante couleur rouge, et à la médecine, un médicament efficace dans plusieurs cas, spécialement contre le rachitisme et l'atrophie

des enfans, les maladies des os et autres.
Elle fait un objet lucratif de commerce et le
cultivateur éclairé en sait tirer un parti très-
avantageux, considérable, en appropriant
la garance à un sol convenable. La racine
de cette plante présente un phénomene sin-
gulier, mélée avec les alimens, elle com-
munique une couleur rouge aux os des qua-
drupédes et des oiseaux, qui en ont mangé
durant quelques temps, ce qui néanmoins
les fait maigrir ; elle donne aussi une teinte
rouge au lait, sert à la médecine vétérinaire
et compose une des cinq racines apéritives
mineures. Ses tiges sont étendues, sarmen-
teuses, quadrangulaires, rudes, genouillées,
les angles sont armées de pointes recourbées ;
lorsque ces tiges sont adultes, elles deviennent cotonneuses, ainsi que les feuilles ; de
chaque articulation sortent cinq ou six feuilles annuelles, elliptiques, lancéolées, oblongues, étroites, nerveuses, rudes, piquan-
tes, verticillées, étoilées, épineuses, créne-
lées, hérissées de poils. Au sommet des
branches naissent sur un péduncule des fleurs
campaniformes, en godet, parfaites, paniculées, axillaires, terminales, partagées en
quatre, de couleur jaune, ayant quatre étamines, un style qui porte deux stigmates.

Le calice est un périanthe petit et rond, qui se change en un fruit à deux baies unies ensemble, noires et succulentes lorsqu'elles sont mures, dans chacune se trouve une graine presque ronde, qui, légèrement torrefiée, donne une décoction, qui a un peu l'odeur et le gout du café. Les feuilles et les tiges servent à nettoyer la vaisselle d'étain.

La garance fleurit en juillet et août; elle est vivace, croit spontanément en plusieurs endroits de l'Europe, notamment auprès de Montpellier, aux environs du Danube, dans les buissons et sur les bords des chemins champêtres, qui environnent la ville de Spire dans le Palatinat. On la trouve encore en Italie, en Toscane, en Silésie, dans la Suisse, la Bavière, le Bugey, la Carniole, la Provence. Le savant auteur de la flore lyonnoise, l'indique près de Lyon et dans le Dauphiné; on la cultive en France, en Allemagne, en Angleterre et en Hollande; on estime surtout celle qui vient de Zélande.

Le grand Colbert qui ne négligeoit rien de tout ce qui pouvoit faire valoir les avantages naturels du royaume, regrettant les sommes immenses qui en sortoient tous les ans pour le commerce de la racine de garance, est le premier ministre qui soit entré dans le détail de tout ce qui regarde sa culture et sa préparation. Le roi de France, par arrêt de son conseil du 24. Février 1756. a ordonné que ceux qui entreprendront de cultiver des plantations de garance dans des marais et autres lieux incultes, ne pourront pendant vingt ans être imposés à la taille, eux, ni leurs employés à la dite exploitation des dits marais et terres cultivés en garance.

M. Dambournay, sécrétaire perpétuel de l'académie des sciences de Rouen et membre de la société d'agriculture de la même ville a cultivé une espèce de garance, qui s'est trouvée sur les roches d'Oizel en Normandie, dont les racines lui ont donné une aussi belle teinture incarnate que l'*Azala* de Smyrne.

Les anciens connoissoient déjà l'usage de la garance dans la teinture. Pline et Vitruve nous apprennent qu'on la faisoit entrer dans la composition de la couleur de pourpre.

Les principaux écrivains qui se sont occupés de d'crire spécialement la garance, considérée, soit en médecine, soit en économie, sont, savoir:

Wurffbain, (*Frid. Sig.*) *Diss. de Rubia tinctorum. Basil.* 1707.

Salander,

Salander, (*Erich*) *de Rubia tinctorum Suecica.* 1746.

Bœhmer, (*Jo. Benj.*) *Diss. de Rubiae tinctorum radicis effectibus in corpore animali.* Lips. 1751.

Ejusd. Progr. quo callum ossium Rubiae tinctor. radice nutritis animal. describit, Lips. 1752.

Dethleff, (*Petr.*) *Diss. ossium calli generatio et natura, per fracta in animalibus Rubiae radice pastis ossa demonstrata.* Gotting. 1753.

Lidbeck, (*Eric. Gust.*) *Rubia tinctorum quomodo plantanda et praeparanda?* 1755.

Duhamel du Monceau. Mémoire sur la garance et sa culture. Paris, 1757.

Cosnier et Robert. *Diss. an rachitidi Rubia tinctorum?* 1758.

Miller, (*Phil.*) Dictionnaire des Jardiniers. 1758.

Gadd *de Rubia* 1760.

Steinmaier (*Georg. Frid.*) *Diss. de Rubia tinctorum.* Argent. 1762.

Canals, (*Jo. Paul*) *Dissertation de la Rubia.* Madrit, 1763.

Desblas (le) de Marseille; traité de la garance ou recherches sur tout ce qui a rapport à cette plante également utile aux cultivateurs et aux teinturiers. Paris 1768.

Oettinger, (*Frid. Ch.*) *Diss. de viribus radicis rubiae tinctorum anti rachiticis, a virtute ossa animalium vivorum tingendi non pendentibus.* Tubingæ 1769.

Revelli, (*Jos. Maria Pid.*) *Instruzione sulla cultura e preparazione della garanza.* Turino 1770.

Westen (*Petr. van*) *de rubiae tinctorum ejusque radicis cultura et commercio.* 1771.

Chausonette, (de) dissertation sur la culture de la garance. Journal d'histoire naturelle. Avril 1772.

Althen, Mémoire sur la culture de la garance. Journal d'histoire naturelle. Mai, 1772.

Buchoz, Dissertation sur la garance. Histoire des plantes de la Lorraine.

Beckmann, (*Jo.*) *Experimenta emendandi rubiae usum tinctorium.* Les nouveaux commentaires de l'académie royale des sciences de Gottingue, Tome VIII.

Bazani, (*Matth.*) *Opusc. de ossium colorandorum artificio per radicem rubiae.* Les mémoires de l'académie des sciences de Bologne, Tome 2.

Ludwig, *Diss. de Rubia tinctorum.*

J'omets encore une foule de dissertations allemandes et d'articles insérés dans les collections périodiques et autres, car cette énumeration sur la garance deviendroit fastidieuse.

Les meilleurs iconographes sont Blackwel, Regnault, Buchoz, Duhamel, Hill, Garsaut, Dodoné, Miller, Matthiole, Durante, Arduin.

Je vais terminer l'article de cette garance, en rapportant l'antique adage latin suivant, qui à été composé en son honneur.

Dat Rubiae radix suffusis felle juvamen,
Expurgatque jecur, absumit itemque lienem,
Urinamque trahit crassam ; mensesque secundasque ;
Adjuvat ejectos, maculas emendat et albas
Abstergit, contra serpentum proficit ictus ;
Ischiadi prodest, morbisque à nomine regis,
Et resolutis.

Philippe Miller, auteur du dictionnaire des jardiniers, ainsi qu'une foule d'autres botanistes font deux espèces distinctes et séparées de la garance des teinturiers cultivée et de la sauvage. Il les distingue en ce que la premiere a ses feuilles lancéolées, verticillées, au nombre de six, dont la surface supérieure est unie, tandis que la garance sauvage a ses feuilles inférieures seulement disposées également par six, en verticilles, et les supérieures par quatre ou par deux, rudes des deux côtés. Ces différences proviennent de la culture et ne forment que des variétés.

2. GARANCE ÉTRANGERE.

Rubia peregrina.

Rubia foliis perennantibus linearibus supra laevibus. Mant. 330.

Rubia quadrifolia, asperrima, lucida, peregrina. H. L. 523.

La racine de cette garance est bien plus petite que celle de l'espèce précédente, moins succulente, pénètre profondément dans la terre, pousse plusieurs tiges quadrangulaires, perennelles, minces, longues d'un pied et demi, branchues, avec des nœuds rapprochés, garnis de feuilles courtes, roides, rudes, verticillées, persistantes, au nombre de quatre, d'un verd luisant. Sa fleur est petite, située au sommet des rameaux, elle paroit en juin.

Cette plante se trouve en Espagne, dans les Isles Baléares, à Gibraltar, à Minorque, près de Nice , sur le Mont Pilat ; aussi M. de la Tourrette dans sa curieuse flore lyonnoise l'indique sur les montagnes des environs de Lyon , et sur celles du Dauphiné. Pallas et Lepechin , l'ont rencontré dans l'empire russe.

Hill , botaniste anglois , en a donné une figure en petit.

3. GARANCE BRILLANTE.

Rubia lucida.

Rubia foliis perennantibus , linearibus , senis , ellipticis , lucidis , caule laevi. Syst. nat. 126. p. 7³2.

L'hiftoire de cette plante , ainsi que celle de l'espéce suivante , ne seront pas longues, à peine sont elles connues de quelques botanistes. L'on m'a assuré que nous en devions la découverte à M. Richard , botaniste de Versailles , qui les avoient rapporté des Isles Majorque et Minorque , il y a environ quinze ans , et les a communiquées au chevalier de Linné , qui en a fait mention dans son *Mantissa.*

La garance brillante est vivace , toujours verte , ressemble beaucoup à l'espéce précédente. Ses feuilles sont toujours verticillées, au nombre de six, perennelles, elliptiques, linéaires, luisantes. Sa fleur est pâle, pointue, paniculée, pentafide.

Elle croît spontanément à Majorque.

4. GARANCE A FEUILLES ÉTROITES.

Rubia angustifolia.

Rubia foliis perennantibus linearibus supra scabris. Mant. 39.

Sa tige est diffuse, quarrée, raboteuse. Les feuilles linéaires, persistantes, pointues, rudes en dessus, au nombre de quatre ou de six. La fleur est jaune, plane, divisée en cinq segmens.

Cette garance est indigène à l'isle Minorque.

5. GARANCE A FEUILLES EN COEUR.

Rubia cordifolia.

Rubia foliis perennantibus quaternis cordatis. Mantiss. 197.

Rubia foliis quaternis petiolatis, floribus stellatis. Gmel. *Sib.* 3. 166.

Cruciata daurica scandens, smilacis folio aspero, flore luteolo, fructu majori rubro. Amm. *Ruth.* 19.

La racine de cette garance est vivace. Sa tige est lâche, couchée, branchue, quadrangulaire, raboteuse aux angles rentrans. Les feuilles sont rassemblées en quatre, vivaces, étoilées, verticillées, cordées, aigües, pétiolées, ovales, étalées, âpres, à cinq nerfs, leur petiole à onglet et quarré. Les fleurs sont axillaires, étoilées, quadrifides, campanulées, étendues, situées au sommet de la tige; elles paroissent en septembre et octobre, leur couleur est d'un blanc pâle ou un peu jaunâtre; le peduncule capillaire et quarré; la bractée soyeuse, en alène; aux fleurs succédent un fruit rouge qui se noircit.

Cette plante est rampante, diffuse. Elle est rare en Europe, on la trouve à Majorque et dans la Sibérie; mais elle est très-commune aux Indes orientales, au Japon, en Chine, et dans l'Afrique.

Les Japonois s'en servent dans la teinture.

Fin du P*réliminaire de l'auteur.*

Je vais faire immédiatement suivre le genre des caille-laits à celui des garances d'Europe, en présentant d'abord le grateron, qui nous paroit l'espèce la plus propre à former l'échellon.

CAILLE-LAIT. *GALLIUM.*

Ce genre est considérable par ses espèces, dont la plupart se rencontrent dans notre hémisphère. Il se distingue par ses fleurs en grappes ou panicules terminales, campanulées, petites, à corolle très-courte, presque plane ; chaque fleur offre un calice supérieur, infiniment petit, quelquefois imperceptible ou comme nul, divisé en quatre segmens, placé sous le germe ; sa corolle est monopétale, très-courte, en rosette, rotacée, coupée en quatre parties ovales, pointues, sans tube, avec quatre étamines en forme d'aléne, plus courtes que la corolle, terminées par de petites anthéres ovoïdes, simples et un ovaire inférieur, didyme, chargé d'un style bifide, à stigmates globuleux. Ce germe est tortillé, se change ensuite en deux baies séches, rondes, glabres ou hispides, jointes ensembles, contenant chacune une semence hémisphérique, ombiliquée, assez manifeste ; c'est cet extérieur hérissé des baies qui forme la séparation des graterons avec les caille-laits. Ce genre diffère de celui des garances ; parceque la corolle de ces dernieres est plus distinctement campanulée ; que le fruit présente une baie pulpeuse, succulente et non des capsules séches, comme dans les caille-laits. La racine de plusieurs espèces teint également en rouge les os des animaux qui en ont mangé pendant quelques temps.

Le nom de caille-lait, qu'on donne vulgairement à ces plantes, indique en elles la propriété de coaguler le lait, propriété qu'elles ne possédent pas plus que bien d'autres, ni même autant.

1. GRATERON OU RIEBLE.

Gallium aparine.

Aparine. Rai *Hist.* 1. 484.

Aparine vulgaris. C. B. 334.

Valantia aparine. La Marck, flore françoise. 3. 383.

Lappago. Plin, *Lib.* 26. *cap.* 10.

Philantropos, Dios.

Asperula, en Italie.

Je commence le genre du caille-lait par le grateron vulgaire, à cause de la ressemblance de son port avec celui de la garance. Il y a peu de plantes plus communes en Europe que le grateron; la France, la Hollande, l'Allemagne, la Pologne, l'Italie, l'Angleterre, sont ses contrées natales: M. Gilibert l'à également trouvé en Lithuanie. Les haies, les bois, les buissons, les champs,

les endroits humides , cultivés près des ha-
bitations, enfin presque par tout on trouve
cette plante. Elle tire son étymologie françoise de son aspérité; son nom grec *Philantropos* vient de ce qu'elle s'attache non
seulement après les habits des personnes qui
marchent dans les endroits herbacés et incultes où elle croit, mais bien encore, parcequ'elle s'accroche et les retient comme par
la main. En la contemplant sous ses divers
aspects, on la voit encore se plaire à enlacer
ses tiges entre les branches des charmilles,
et à braver par sa végétation vagabonde les
soins symmétriques que les jardiniers pren-
nent pour embellir nos jardins, en défigu-
rant souvent la nature. Je viens à sa description botanique.

Le grateron a sa racine menue, fibreuse,
blanche. La tige est quadrangulaire, foible,
accrochante, pliante, tendre , herbacée,
articulée, feuillée dans toute sa longueur,
herissée dans ses angles, médiocrement rameuse, longue d'un à trois pieds , s'élève
aux dépens des plantes voisines, qui lui servent de soutien , étant grimpante, à rameaux opposés. Sa fleur qui paroit en mai,
juin, même pendant tout l'été et en automne, est très-petite, campanulée, blanche,
ouverte, quadrifide, à péduncules axillaires,
les anthéres jaunes, le stigmate blanc, obtus,
le calice également partagé en quatre, rond;
il devient un fruit dur, sec et comme cai-
tilagineux, couleur de corne, revêtu d'une

écorce mince, noirâtre, hérissé, composé de deux semences globuleuses, ombiliquées, assez grosses. Les feuilles ainsi que celles de la garance, sont au nombre de cinq, six, sept ou huit, disposées en étoile, ou en verticille, au tour de chaque nœud des tiges rudes, lancéolées, étroites, vertes, longuettes, carinées, entieres.

L'herbe fraiche, peut servir à la nourriture des bœufs, des chèvres, des brebis, des chevaux et des oies, mais le grateron nuit infiniment aux autres végétaux, il leur donne la strangulation. Les paysans se servent de sa tige avec les feuilles pour filtrer le lait, afin d'en séparer les poils et autres ordures. Le grateron est annuel.

La racine colore en rouge; les os des animaux qui en mangent deviennent rouges, comme si c'étoit la garance.

Les anciens employoient le grateron en médecine, comme apéritif, diurétique; anti-écrouelleux à l'extérieur. Rai le recommande contre la gonorrhée simple. L'on s'en sert très avantageusement à Epinal, chef-lieu du Département des Vosges, à l'extérieur contre les ulceres et surtout contre les panaris. Il est officinal en Angleterre.

Garsault, Blackwel, Fuchsius, Dodoné, Sabbati, Gærtner, Hill, Durante, Regnault, sont les principaux botanistes, qui ont fait graver cette plante.

M. Jean Edouard, de la société royale de Londres, a donné en 1784, l'ouvrage

suivant uniquement consacré au grateron;
*A short treatise on the plant, alled Goose Grass,
or clivers, and dits efficacy in the cure of the
most inveterate scurvy;* c'est-à-dire; *traité som-
maire sur la plante nommée grateron ou
rieble , et sur son efficacité dans la cure du
scorbut invétéré;* à Londres grand in-8. Le
remède spécifique recommandé dans ce livre,
est le suc recemment exprimé du grateron,
pris à la dose d'une tasse, a jeun, tous les matins, pendant neufs jours de suite; répéter
la même chose tous les mois , autant qu'il
est possible d'avoir la plante fraiche. M.
Edouard espère aussi que la plante desséchée
avec précaution et prise en guise de thé
dans les voyages sur mer, peut servir d'an-
tiscorbutique efficace. Cette plante mérite
assurément une place dans la matière médi-
cale indigène.

Francus à fait insérer dans les Éphéméri-
des des curieux de la nature d'Allemagne,
un article intéressant à son occasion.

Je ferme l'histoire de cette plante, par
cette bribe de vers latins , que rapporte en
sa faveur, Castor Durante.

,, *Contra serpentes contraque Phalangio
prodest* ,,
,, *Asperula ipsius praemitur vi sanguis
abundans ;* ,,
,, *Discutit haec strumas, abstergit , siccat,
et aures* ,,

„ *Ipsa dolore levat, tum vulnera glutinat,*

atque „

„ *Mammillas eadem dysentericosque juva-*

bit, „

„ *Confert ulceribus.*

M. le chevalier de La Marck, dans sa flore françoise, offre plusieurs variétés du grateron, d'espèces qui paroissent très-distinctes aux yeux des autres botanistes. Haller et quelques autres phytographes, ont encore variés sur les *Aparine*, mais je prends toujours Linné pour guide. Il y en a une variété à fleur rouge, que plusieurs botanistes suisses ont trouvés dans quelques cantons helvétiques.

2. GRATERON OU CAILLE-LAIT PARISIEN.

Gallium parisiense.

Aparine minima. Rai, *Angl.* 3. 225. t. 9. f. 1.

Gallium parisiense tenui-folium, flore atro-purpureo, T. 664.

Cette plante a la racine ligneuse, rougeâtre, la tige grêle, débile, quarrée, scabre, haute de six à huit pouces, accrochante dans ses angles, rameuse. Les rameaux floriféres, opposés. Les feuilles septénaires, pointues, rudes, âpres, linéaires, lancéolées, étroites, verticillées, decoupées en scie.

Les fleurs en panicules très-ramifiées, à pé-
doncules nuds, divariqués, portant plusieurs
fleurs, corolle petite d'un pourpre verdâtre.
Le fruit hérissé, globuleux, didyme, petit,
et glabre, selon Vaillant.

Ce grateron est vivace. On le trouve
communément en France et spécialement
aux environs de Paris. Il croit aussi spontanément en Suisse, en Angleterre, dans
les lieux incultes, stériles, sablonneux,
parmi les mousses. Il fleurit en juin, juillet,
et août.

Il a été figuré par Rai et Hill.

3. GRATERON OU CAILLE-LAIT MARITIME.

Gallium maritimum.

Aparine maritima incana, flore purpureo.
T. *icon.* 4.

Tige branchue, hérissée, très-ramifiée,
rameaux fourchus, feuilles par quatre, rare-
ment cinq ; et M. Gouan en suppose huit,
souvent deux à la sommité florale, ovales,
lancéolées, linéaires, hispides, blanchâtres,
fleurs fines, à péduncules capillaires, le plus
souvent uniflores ; fruit velu.

On trouve cette plante dans les environs
de Montpellier, sur les Pyrénées. Elle est
figurée par Tournefort.

4. GRATERON OU CAILLE-LAIT DU NORD.

Gallium boreale.

Gallium nervosum. La Marck, flore franç. 3. 378.

Mollugo montana erecta quadrifolia. Rai, *Syn.* 224.

Cruciata erecta . angustifolia glabra. Vaill. *Paris ,* 43.

Rubia pratensis laevis, acuto folio. **C. B. 333.**

La racine est longue, d'un noir rougeâtre, assez semblable à celle de la garance, aussi donne-t-elle une belle teinture rouge de Kermes. L'on s'en sert pour colorer la biére. La tige est droite, menue, glabre, un peu rude en ses angles, feuillée, rameuse, et s'e-léve jusqu'à la hauteur d'un pied et demi. Ses feuilles sont quaternées, étroites, lan-céolées, elliptiques, presque linéaires, tri-nervées, glabres, d'un vert noirâtre. Les fleurs sont blanches, disposées en panicule terminale, les ramifications de la panicule sont munies de bractées opposées; les segmens de la corolle sont ovoïdes; il leur succéde des fruits hispides.

On trouve cette plante perennelle, dans les prairies montagneuses d'Europe, surtout parmi la véronique à épis. M. Gilibert l'a rencontré en Lithuanie; elle fleurit en mai, juin et juillet. Le bétail en mange.

Schreber en a donné la représentation , ainsi que Kniphoff, Hill et Burser.

M. le chevalier de La Marck, dans sa flore françoise, fait une variété de cette espèce avec le caille-lait à feuilles de garance, (*Gallium rubioides*) et prétend qu'elle n'en diffère que par ses fruits lisses. Il en fait ensuite une espèce distincte et séparée dans son dictionnaire des plantes de l'encyclopédie méthodique. Il admet alors au grateron des fruits hérissés et lisses, ce qui constitue une variété.

5. CAILLE-LAIT BLANC.

Gallium mollugo.

Mollugo. **Dod.** *peurpt.* 354. **Rai,** *Syn.* 223.

Gallium album vulgare. **T.** 115.

Aparine sylvestris laevis. **Magn.** *hort.* 19.

Rubia sylvestris laevis. **C. B.** 333.

Cette plante est commune par toute l'Europe , le long des haies, sur le bord des chemins humides, dans les prairies, les friches, fleurit en mai , juin, et mois suivans. Elle est vivace.

Sa racine qui est dessicative et astringente, teint en rouge à l'instar de la garance. Elle est fibreuse, longue, rampante; pousse des tiges foibles , articulées , quadrangulaires,
lisses ,

lisses, rameuses, hautes de deux ou trois pieds. Ses feuilles sont ovales, elliptiques, linéaires ou lancéolées, un peu élargies vers leur sommet, obtuses, mucronées, glabres, decoupées en scie, très ouvertes, presque réfléchies, vertes, au nombre de huit aux verticilles caulinaires ; ceux des rameaux sont moins feuillés. Les fleurs sont petites, blanches, pédunculées, disposées en panicule très branchues, oblongues. La corolle ovale, pointue, découpée; l'ovaire glabre.

Les sommités fleuries sont antiépileptiques et contre la goutte; elles peuvent remplacer celles du caille-lait jaune. Je vais rapporter ce que plusieurs feuilles périodiques ont publiées concernant le caille-lait blanc.

„ De Tain en Dauphiné le 20 juillet 1773.

„ M. Jourdan, recteur de l'hôpital de cette „ ville, est possesseur d'un remède contre „ l'épilepsie, qu'il fait administrer gratuite- „ ment, depuis plusieurs années, avec le plus „ grand succès. En voici la recette. „

„ Prenez suffisante quantité de la plante „ appellée caille-lait à fleurs blanches, pilez „ la dans un mortier et versez dessus, en la „ pilant, le poids d'une once de bon vin blanc. „ Lorsqu'elle sera bien pilée, vous l'expri- „ merez pour en tirer cinq à six onces de „ suc que vous donnerez au malade.„

„ Cette plante est celle que Linné appelle „ *Gallium mollugo.* On la cueille dure au 30

„ septembre, parcequ'il importe qu'elle soit
„ bien en fleurs, et que c'est là le moment
„ de sa floraison. Avant d'en administrer le
„ suc, on prépare le malade, en le faisant
„ diner à dix heures du matin, la veille du
„ jour qu'il doit en faire usage. On le laisse
„ après ce repas sans boire ni manger jus-
„ qu'au lendemain à huit heures du matin.
„ Alors on lui fait avaler le suc de cette
„ plante, qui ne doit être exprimé qu'une demi
„ heure auparavant. Le malade se promene
„ ensuite pendant une heure, au bout de
„ laquelle il prend un bouillon fait avec le
„ veau et le mouton, et continue de se pro-
„ mener encore une heure ou deux. Il re-
„ prend ensuite ses repas aux heures accou-
„ tumées. „

„ M. Jourdan donne le suc et non la dé-
„ coction de la plante ; ce suc doit être re-
„ cemment extrait ; il y prépare l'estomac
„ par la diète rigoureuse. Ainsi le remède
„ ne perd rien de son énergie, et le viscère
„ qui le reçoit, débarrassé de tout aliment,
„ en ressent entièrement les effets. De là
„ viennent sans doute les cures merveilleu-
„ ses qu'il à operées. „

Lobel, Kniphoff, Blackwel, Oeder, Pallas, Garsault et Hill, ont fait graver ce
caille-lait.

Scopoli offre quatre variétés de cette espèce,
qu'il différencie par les feuilles, qui sont;
1°. ou échancrées ; 2°. ou rondes à l'extré-

mité avec des nervures, pointues à l'extérieur ; 3°. ou épineuses, denticulées ; 4°. ou
entières et recourbées. M. Gouan dans sa
flore de Montpellier , Goster dans sa flore
belgique, Leyser dans sa flore de Halle,
font des distinctions aussi relativement aux
feuilles ; elles sont larges dans les bois mon-
tagneux, et étroites dans les prairies. Seguier
dans ses plantes de Verone en fait deux
espèces particulières.

6. CAILLE-LAIT DES BOIS.

Gallium sylvaticum.

Gallium montanum latifolium ramosum.
T. 115.

Rubia sylvatica laevis. **I. B. B.** 716. **Rai,**
hist. 1. 481.

Mollugo montana latifolia ramosa. **C. B.** 334.

Matri sylva secunda. **Tragi.**

Sa racine est fibreuse, jaunâtre en dehors,
blanche en dedans, fournit une belle teinture rouge, pousse des tiges foibles, lisses,
rameuses, obtusément tétragones inférieurement, cylindriques vers leur sommet, d'un
verd rougeâtre ; les feuilles sont étoilées, au
nombre de sept, huit, neuf ou dix, mucronées, elliptiques, lancéolées, plus grandes
et plus élargies que celle de l'espèce précé-

dente, un peu rudes ou scabres sur les bords, vertes en dessus, pâles ou un peu glauques en dessous; les fleurs qui paroissent en juin, juillet et août sont blanches, très petites, nombreuses, disposées en panicule lâche, sur des péduncules capillaires, penchées avant la floraison; les anthères sont très fines, jaunes, glabres; le stigmat blanc, fort court; la semence noire, raboteuse.

Cette plante croit spontanément en Allemagne, en Alsace, en France, en Suisse, en Angleterre, sur la côte de Barbarie; elle aime les forêts touffues, obscures, les buissons, les hauts taillis, elle est commune dans les bois des environs de Nanci; elle est vivace.

Les herboristes vendent souvent le caille-lait des bois, en place de la reine des bois ou hépatique étoilée; *asperula odorata.*

L'Ecluse, Jean Bauhin, Dodoné, en ont donné la figure.

Gerard, dans sa flore de Provence, désigne ce caille-lait comme une variété de l'espéce précédente.

M. le chevalier de La Marck dans l'encyclopédie présente trois variétés qu'il rapporte au caille-lait des bois. La première est à feuilles hérissées; la seconde à fleurs pâles et la troisième à feuilles étroites.

7. CAILLE-LAIT À FEUILLES DE LIN.

Gallium aristatum.

Gallium linifolium, La Marck,

Rubia laevis linifolia, floribus albis montis virginis, Boccon ; *mus.* 83. t. 75. Rai, *Syn.* 263.

Cette plante est glabre dans toutes ses parties, une fois moins haute que la précédente ; ses feuilles sont plus étroites ; sa panicule est moins ample et moins lâche, quoique très fine dans ses ramifications, ses tiges sont cylindriques, branchues, un peu tuméfiées aux articulations. Les feuilles sont lancéolées, linéaires, lisses, molles, d'un verd gai, longues de plus d'un pouce, sur une ligne ou une ligne et demie de largeur, disposées en étoiles, au nombre de sept, huit à neuf, pour chaque verticille ; les inférieures sont plus courtes que les autres et moins linéaires ; la panicule est terminale, fort rameuse, sans être ample, très fine et à ramifications capillaires, ayant à leur base une ou deux bractées, petites, minces et étroites. Cette panicule offre et soutient un grand nombre de fleurs blanches, dont la corolle est plane, à quatre sections ovales, pointues ; les anthéres jaunes ; les fruits glabres.

Ce caille-lait est indigène à l'Italie.

Un journal italien en a donné une nouvelle description en 1784.

Boccon, Barrelier et Allioni en ont donné des réprésentations fidéles, copiées d'après nature.

✳ ✳ ✳ 3

8. CAILLE - LAIT GLAUQUE.

Gallium glaucum.

Gallium Saxatile, glauco folio, Bocc, *mus.*
2. 172. Rai , *Suppl.* 264.

Rubia montana angustifolia , C. B. 333.

Mollugo montana minor angustifolia, Moris,
Hist. 3. p. 331.

Les feuilles sont un peu longues et linéaires, de couleur glauque ; les fleurs, un peu
campanulées et plus grandes que dans les
autres caille-laits , rendent cette espèce distincte et facile à reconnoitre au premier coup
d'œil ; de sa racine naissent des tiges grêles,
lisses , diffuses , cylindriques , branchues ,
noueuses aux articulations inférieures.

Ses feuilles étoilées , au nombre de cinq ,
six , sept ou huit à chaque verticille cauli-
naire, sont exactement linéaires , étroites,
raboteuses sur les bords, terminées par une
pointe en filet , convexes en dessus avec
une sillon , concaves ou caniculées en dessous avec une côte un peu relevée ; elles sont
d'un glauque blanchâtre en dessous ; les
fleurs viennent au sommet de la tige et des
rameaux en petites ombelles , ou en épis,
une ou deux fois trifides ; elles sont blanches,
pédunculées, campanulées , semiquadrifides,
et ont l'ovaire glabre , un peu turbiné ; elles
paroissent et s'épanouissent en juin.

J'ai emprunté cette excellente description de M. le chevalier de La Marck, qui est absolument exacte ; mais ce savant botaniste a commis une petite erreur, en rassemblant dans sa synonymie, le *gallium montanum* de Pollich, qui est le même que celui du *species* de Linné, et qui n'est assurément pas le caille-lait glauque de cet article.

Cette plante vivace croît dans la Suisse, le Piémont, le Dauphiné, la Provence, la Tartarie.

Boccon, Oeder, Pluckenet, Hill, Allioni, Jacquin, sont ses principaux iconologistes.

M. le chevalier de La Marck, dans sa flore françoise, donne une variété au caille-lait glauque; c'est le *Gallium* 2 de Gérard ; flore de Provence, page 226.

9. CAILLE-LAIT DES MONTAGNES.

Gallium montanum.

Gallium montanum altissimum, foliis angustis albicantibus, Rupp. *Jen.* 5.

Rubia montana angustifolia, C. B. *Prodr.* 145. Rai, *Hist.* 1. 180.

Il forme l'échellon entre le caille-lait blanc et le glauque; sa tige est grêle, raboteuse, glabre, d'un verd glauque, cylindrique, haute de trois pieds ou environ, ayant communément quatre rameaux; les feuilles caulinaires sont étoilées, au nombre de cinq à huit à chaque verticille, linéaires, lisses, réfléchies, étroites, duriuscules, d'un verd glauque ; les fleurs en corimbes, blanches, trifides, ombellées, campaniformes, obrondes, assez grandes ; les anthères brunes, les semences glabres.

Ce caille-lait se trouve en Allemagne, dans la Suisse, le Palatinat. Il est perennel, fleurit en mai, juin et juillet.

Bœhmer desiroit une gravure exacte de cette plante.

Ruppius assure qu'elle est peu connue et mal décrite.

10 CAILLE-LAIT DES MARÉCAGES.

Gallium uliginosum.

Gallium album minus, Pet. *Herb.* 30. t. 6.

Rubia quaedam minor, J. B. *Hist.* 3. p. 716.

Aparine minor palustris parisiensis flore albo, *fl. Lapp.* 58.

Mollugo montana minor gallio albo similis, Rai, *Hist.* 482.

Ses feuilles sont un peu velues ou cotonneuses inférieurement ; les feuilles étoilées au nombre de six, quelquefois sept à huit par verticille, lancéolées, mucronées, pointues, dentées en scie, linéaires ; les fleurs terminales.

Cette plante se trouve assez communément dans les pâturages stériles et aqueux de l'Europe, surtout en Suède, dans la Saxe, la Pologne ; elle est vivace, fleurit en juin, juillet et août.

Petitver, Hill, Kniphoffer et Barrelier, en offrent la figure.

M. le chevalier de La Marck prétend que ce caille-lait n'est qu'une variété de son caille-lait couché ; suivant lui la synonymie de cette espèce, fait une variété de son caille-lait à ombelles. C'est le *Gallium* 715 du Baron de Haller, à qui il donne trois variétés.

11. CAILLE-LAIT DE ROCHE.

Gallium saxatile.

Gallium saxatile supinum molliore folio. Juss. *Act.* 1714. p. 492. t. 15. f. 1.

Gallium helveticum, Weigel, *Obs.* p. 24.

A de grandes racines fibreuses, rougeâtres, naissent des tiges diffuses, rameuses, nombreuses, menues, lisses, abondamment garnies, excepté à leur base, longues environ de six pouces, disposées en touffes étalées sur la terre. Les feuilles sont petites, obtuses, oblongues ou spatulées, élargies, un peu ovales, rétrécies vers leur base, au nombre de six à la plupart des verticilles ; les péduncules sont courts, axillaires, souvent simples, uniflores, quelquefois divisés et situés dans la partie supérieure des rameaux, portent des fleurs blanchâtres, quadrifides, crucifères, bien ouvertes, ayant deux lignes de diametre; les fruits sont glabres avec des rugosités.

On trouve cette plante, qui est vivace, en France, dans la Suisse, le Piémont, l'Espagne, la Saxe, en Italie, à Minorque; dans les endroits pierreux et humides des montagnes: elle fleurit en juin, juillet et août, et devient luisante par la dessiccation.

Hill, Kniphoff, Weigel et Jussieu en ont donné la figure. Ce dernier a composé une dissertation intéressante sur ce caille-lait, qui se trouve parmi les mémoires de l'académie royale des sciences de Paris, année 1714, page 493, planche 15, figure 1.

12. CAILLE-LAIT BAS.

Gallium pusillum.

Gallium mucronatum, La Marck, Encyclopédie.

Aparine minima, Magn. Monsp. 291.

Rubeola saxatilis, C. B. 334. *prodr.* 145. Rai, *Hist.* 1. 481.

La racine de ce caille-lait est rameuse; elle pousse des tiges nombreuses, branchues, longues d'environ six pouces, grêles, quarrées et duvetées inférieurement ; les feuilles sont linéaires, lancéolées, scabres, en alène, spatulées, imbriquées, hispides, au nombre de six ou huit par verticille ; les fleurs sont très petites, dichotomes, blanchâtres, paroissent sur des péduncules très fins, en panicules branchues ; sont terminales, quadrifides, planes, ont leurs découpures terminées chacune par un filet, long au moins d'une demi ligne ; les fruits sont glabres, petits, semblables à ceux du caille-lait uligineux, ou des *marécages*.

Cette plante perennelle, est commune en Provence, dans le Dauphiné, en Allemagne ; elle aime les lieux pierreux des parties basses des montagnes ; fleurit en juin.

On trouve sa figure dans Hill et Burser.

M. le Chevalier de La Marck, doute s'il ne faudroit pas placer le *gallium pusillum* de Linné dans son *caille-lait divergent.*

13. CAILLE-LAIT À FEUILLES DE GARANCE.

Gallium rubioides.

Il ressemble au grateron *boréal*, ses tiges sont droites, fermes, simples, tétragones, genouillées, un peu raboteuses sur les angles, médiocrement rameuses, hautes d'un pied ou un peu plus ; les feuilles sont quaternées, quelquefois plus nombreuses, lancéolées, ovales, souvent un peu émoussées à leur

sommet, entières, égales, marquées de trois
nervures longitudinales, scabres en dessous;
les fleurs sont blanches, conglomerées, disposées en panicule terminale, courtes, co-
rimbifères, axillaires; les fruits sont tres-
glabres.

Cette plante croit dans l'Europe australe,
spécialement dans la Carniole, la Sibérie,
le Palatinat; M. Gilibert l'a rencontré en
Lithuanie; elle aime les terres glaises, séches,
fleurit depuis le mois de mai, jusqu'à la fin
de l'été.

On la trouve représentée dans les ouvrages
de Hill et d'Oeder.

M. le chevalier de La Marck, lui donne
une variété à feuilles larges, dont les angles
de la tige sont moins rudes, sa panicule plus
ramassée, plus courte, en cimier ou corimbe
dense. Cette variété est originaire du Levant,
et dans la flore Françoise, il designe le caille-
lait à *feuilles de garance* comme une variété du
grateron *boréal*.

14. CAILLE-LAIT DES MARAIS.

Gallium palustre.

Gallium palustre album, C. B. 335. Rai,
hist. I. 481.

Cruciata palustris alba, T. 115.

Aparine palustris, Thal. 10.

Mollugo minor palustris, Moris, *hist.* 3. 331.

Ses tiges sont diffuses, très-menues, filiformes, anguleuses, un peu rudes en leurs
angles, feuillées, médiocrement rameuses,
les unes stériles et plus courtes, les autres
fleuries, plus ou moins droites, longues d'un
pied ou environ; les feuilles quaternées en
haut, et cinq à six en bas pour chaque verticille, inégales entr'elles, ovales sur les tiges,
stériles et oblongues sur celles qui sont fleuries, un peu obtuses à leur sommet, et retrécies à leur base, avec deux bractées; les
fleurs sont blanches, petites, naissent au
sommet de la tige et des rameaux, en bouquets lâches, peu garnis, divariqués, corimbi-
fères; les fruits glabres.

On trouve cette plante en Europe, dans
les marais; les lieux fangeux humide, elle
est vivace, fleurit en juin et juillet, devient
noire en la faisant secher, Hill et Oeder
l'ont fait graver.

M. le chevalier de La Marck, l'un des
botanistes modernes, qui a le mieux décrit
les caille-laits, désigne une variété à l'espèce
qui fait l'objet de cet article, dont les verticilles sont quelquefois à cinq feuilles plus
grandes.

15. CAILLE-LAIT TRIFIDE.

Gallium trifidum.

Ses tiges sont couchées, scabres, très rameuses, à rameaux quaternés, divergents;
les feuilles linéaires, obtuses, un peu élar

gies, lisses, légèrement raboteuses en dessous ; les péduncules souvent trois ensemble,
sont très-fins, uniflores, de la longueur des
feuilles ; les fleurs sont blanches, fort menues, trifides, à trois étamines ; les fruits
sont glabres, globuleux, didymes.

On trouve ce caille-lait en Dannemarck ;
Kalm, disciple de Linné, l'a rencontré en
Canada ; il fleurit en août.

Oeder et Hill en ont encore donné la
figure.

16. CAILLE-LAIT DES PYRENÉES.

Gallium pyrenaicum.

*Gallium foliis fenis, floribus lateralibus op-
positis subsessilibus solitariis*, Linn. *Suppl.* 121.

Gallium muscoides, La Marck, Encyclopédie.

Ses tiges sont foibles, sillonnées, lâches,
rameuses ; les feuilles glabres, courtes, mucronées, un peu convexes, au nombre de
six ; les fleurs axillaires, assises, solitaires,
opposées.

On trouve cette plante dans les Pyrenées ;
elle a l'aspect d'une mousse.

M. Gouan a fait graver ce caille-lait avec
beaucoup d'exactitude.

17. CAILLE-LAIT DROIT.

Gallium erectum, Huds. *Angl.* 68.

Gallium austriacum, Jacq. *Austr.* 1. p. 51.
T. 80.

De sa racine vivace et branchue, il pousse plusieurs tiges lâches, droites, articulées, tétragones, rameuses, avec de petites branches opposées; les angles légèrement scabres et les jointures gonflées; les feuilles sont sessiles, linéaires, lancéolées, nues, pointues, dentées en scie, mucronées; au nombre de six à huit par verticille. La panicule terminale, trichotome, la fleur blanche quadrifide, la semence petite et lisse.

On trouve cette plante dans les prés et les pâturages un peu humides, surtout en Angleterre et en Autriche; elle fleurit en juin et juillet.

M. Jacquin en a donné une figure très-ressemblante.

18. CAILLE-LAIT BATARD.

Gallium spurium.

Aparine semine laeviore; Rai, *Hist.* 484.

Cette plante ressemble assez au grateron vulgaire; mais elle est plus petite, n'a pas ses articulations velues, et s'en distingue principalement par ses fruits glabres; ses tiges longues d'un pied à un pied et demi, sont foibles, tendres, quadrangulaires, rameuses, feuillées, à angles scabres et accrochans; les feuilles sont linéaires, lancéolées, mucronées, rudes en leurs bords et sur leur côté postérieur, à six feuilles par verticilles inférieurs, et quatre pour les supérieurs; les péduncules communs sont latéraux, axillaires, plus longs que les feuilles; divisés, divergens, et à ramifications fourchues; ses fleurs sont petites, blanches, produisent des fruits glabres, légèrement ridés ou chagrinés, globuleux, didymes, bruns, les uns pédicellés, et les autres presque sessiles, sur les ramifications des péduncules.

On trouve ce caille-lait en Europe, dans les endroits cultivés, sablonneux, parmi les bleds; il est annuel, fleurit en mai, juin et juillet.

Ses iconographes sont Vaillant, Hill et Jacquin.

19. CAILLE-LAIT ANGLOIS.

Gallium anglicum, Huds. *Angl.* 69.

Aparine minima, Rai, *Syn.* 225. t. 9. f. 1.

Sa racine est annuelle, rameuse; ses tiges hautes d'un pied, ou d'un pied et demi, sont tétragones, diffuses, articulées, branchues, à rameaux alternes, les floriferes opposées. Les feuilles linéaires, lancéolées, nues, pointues, ciliées a leur bord, au nombre

de

de six à sept par verticilles ; les panicules terminales, les péduncules trichotomes ; les fleurs d'un vert jaune, à quatre pétales, petites, grandes corolles glabres ; les fruits à deux semences.

On trouve cette plante en Angleterre sur les murailles et dans les prairies sablonneuses ; elle est annuelle et fleurit en juin et juillet.

Je ne connois que Rai, qui en offre l'image.

20. CAILLE - LAIT NAIN.

Gallium pumilum, La Marck, Encyclopédie, 580.

Cette plante est très petite, forme de petites touffes serrées, assez ressemblante à une mousse, et au caille-lait des Pyrénées ; ses tiges sont nombreuses, très rameuses, filiformes, longues de deux ou trois pouces, glabres, tétragones, et sillonnées sur les faces ; les feuilles, au nombre de six à sept à chaque verticille, sont linéaires, soyeuses, très étroites, terminées par une pointe en filet, glabres, presque luisantes et marquées en dessous de deux sillons longitudinaux ; elles sont longues d'environ trois lignes et demies ; les péduncules sont fins, divisés et dichotomes, plus longs que les feuilles, naissent aux sommités de la plante, et portent de petites fleurs blanches qui semblent disposées en ombelles terminales ; les fruits sont glabres et didymes.

L'on croit que son païs natal, sont les monts pyrénées.

21. CAILLE-LAIT DE PROVENCE.

Gallium provinciale, H. R.

Gallium foliis linearibus, sulcatis, retrorsum scabris, pedicellis capillaribus, Ger. *Prov.* 226. N°. 2.

Les tiges de cette espèce sont longues d'un pied ou davantage, quadrangulaires, glabres, un peu luisantes, montantes, foibles, et garnies de rameaux courts ; les feuilles sont linéaires, mucronées, lisses, roides, vertes, un peu convexes en dessus, au nombre de six à la plupart des verticilles, quelques uns en ayant sept ou huit ; les fleurs sont blanches, pédunculées, disposées en petites panicules qui terminent les rameaux et les tiges.

Cette plante est cultivée au jardin du Roi et croit spontanément dans la Provence, aux lieux montueux et arides.

M. le chevalier de La Marck, de qui je viens d'emprunter cette description, soupçonne que cette espèce pourroit bien n'être qu'une variété du caille-lait blanc. Il fait néanmoins du *gallium lucidum* d'Allioni, une variété de celui-ci.

Il n'y a qu'une planche dans la *flore pié-montoise* d'Allioni, qui peut donner une idée de ce caille-lait.

22. CAILLE - LAIT VELU.

Gallium villosum, La Marck, Encyclopé-die , 583.

Gallium villosum erectum, Bocc. *Mus.* 2. p. 110. t. 86.

Cette plante a beaucoup de rapport avec le caille-lait maritime de Linné; elle est plus abondamment velue sur toutes ses parties; son port, son feuillage et la disposition de ses fleurs, en sont infiniment plus distingués, ses tiges sont longues de plus d'un pied , velues, tétragones, blanchâtres , garnies de rameaux la plupart opposés et presque simples ; elles paroissent droites au moins dans leur partie supérieure ; les feuilles au nombre de huit à la plupart des verticilles, sont linéaires , lancéolées, velues, molles, réfléchies, et d'une couleur cendrée, ou d'un vert blanchâtre; les fleurs sont petites, nombreuses, d'une couleur ferrugineuse, quadrifides, velues à l'extérieur et portées sur des péduncules très courts, divisés, paniculés, hérissés de poils blancs ; elles forment au sommet des tiges et des rameaux supérieurs des grappes oblongues, spiciformes, interrompues, feuillées, villeuses , grisâtres ; les fruits sont aussi hérissés de poils blancs.

Cette plante est vivace, et croit naturellement en Espagne.

23. CAILLE - LAIT DE TUNIS.

Gallium tunetanum, La Marck, Encyclopédie, 583.

C'est une espèce bien distincte du caille-lait velu, avec lequel néanmoins, elle a de grands rapports, ses tiges sont longues d'un pied et demie à deux pieds, cylindriques ou très obtusément tétragones, dures, couvertes d'un duvet court, légèrement cotoneux, et un peu rameuses seulement dans leur partie supérieure ; leur dureté et leur forme droite, sont des harmonies de la nature, qui indiquent qu'elles ne sont point couchées sur la terre, les feuilles sont fort étroites, linéaires, sétacées, aiguës, à bords repliés en dessous, ce qui les fait paroître cylindriques ou filiformes, plus courtes que les entre nœuds, et au nombre de dix où huit à chaque verticille ; elles sont verdâtres, et paroissent glabres en leur surface supérieure ; les fleurs sont petites, fort nombreuses, finement paniculées au sommet des rameaux supérieurs et de la tige ; les péduncules sont courts, la plupart divisés, et tous hérissés de poils blancs, ainsi que les ovaires ; les corolles sont quadrifides, planes, entièrement glabres, à segmens un peu obtus.

Cette plante croit naturellement sur la côte de Barbarie, dans les environs de Tunis, et y a été découverte par M. l'abbé Poiret, qui en a communiqué un exemplaire à M. le chevalier de La Marck ; le seul botaniste qui l'ait décrite.

24. CAILLE-LAIT GREC.

Gallium montanum creticum , Alp. *exot.* 166. et 167. Rai , *hist.* 1. 483.

Aparine graeca saxatilis incana tenuifolia , T. *coroll.* 4.

Ce caille - lait est petit, sous - ligneux à sa base, et fort hérissé de poils ; le collet de sa racine est une souche un peu épaisse, divisée en quelques branches, courtes, couchées et ligneuses ou sous - ligneuses, de chacune des branches de cette souche naissent quantité des tiges grêles, herbacées, presque simples, longues de trois pouces ou un peu plus, feuillées et hérissées de poils blancs ; les feuilles sont petites, linéaires, sessiles , droites, de la longueur des entre - nœuds, velues, verdâtres, et un peu carinées sur leur dos, elles n'ont que deux ou trois lignes de longueur ; les fleurs sont très petites, paroissent rougeâtres ou purpurines, viennent en petits corimbes ombellifères, latéraux et terminaux, sur des péduncules ; les ovaires sont fort hérissés de poils blancs.

**** 3

Cette plante vivace croit dans l'isle de Candie et les autres isles de l'Archipel, parmi les rochers.

Je ne lui connois d'autres descripteur françois, que M. le chevalier de La Marck.

25. CAILLE - LAIT CENDRÉ.

Gallium cinereum, Allion. *flora Pedem.* 22. t. 77. f. 4.

Gallium caule sublignoso, foliis senis, longe ellipticis, rigidis, serrato aculeatis, fructibus ovatis laevibus albescentibus. Ejusd.

Je ne connois que le savant botaniste Allioni qui ait parlé de cette plante, qu'il a trouvé dans le Piémont. Il en a donné la figure et l'histoire dans les mélanges de Turin, Tome 5. page 57. et dans sa flore piémontoise.

Les tiges de ce caille-lait sont un peu ligneuses; les feuilles étoilées, au nombre de six pour chaque verticille, sont elliptiques, en lacet, pointues, roides, dentées en scie; le fruit oval, lisse, blanchâtre, revêtu d'une enveloppe subereuse.

26. CAILLE LAIT À FEUILLES FINES.

Gallium tenuifolium, Allion. *flora Pedem.* N°. 23.

Gallium narbonense tenuifolium, flore albo, T. 115.

Ce caille-lait se trouve en Provence, dans le Piémont aux environs de Nice. Il est décrit dans la flore piémontoise d'Allioni ; ses feuilles au nombre de six par verticilles, sont un peu roides, tenues ; les tiges diffuses, branchues ; à leur sommet naissent les fleurs de couleur blanche.

27. CAILLE-LAIT RABOTEUX.

Gallium scabrum, Jacq.

Gallium foliis suboctonis scabris mucronatis, ramis floriferis subtrichotomis, Jacq. *Austr.* Vol. 5. t. 422.

M. Jacquin, père, professeur de botanique à Vienne, a rencontré ce caille-lait en Autriche ; il est le seul botaniste, qui en ait traité ; il en donne aussi la gravure dans sa flore d'Autriche ; les feuilles de ce caille-lait sont communément aux environs de huit à chaque verticille, les fleurs naissent après les ramifications, qui offrent la plupart du temps trois branches.

28. CAILLE-LAIT VERTICILLÉ.

Gallium verticillatum, Danthoine.

Gallium floribus verticillatis, subsessilibus, petalis erectis, fructibus hispidis, foliis lanceolatis reflexis, supernae tantum finis, Danthoine.

M. Danthoine, docteur en medécine, de l'académie de Marseille, savant botaniste provençal, mon compétiteur pour les plantes *étoilées*, a trouvé cette nouvelle espèce de caille-lait en abondance, sur des rochers exposés au midi en Provence; voici la description qu'il a fait insérer dans l'intéressant Journal d'histoire naturelle, par M. l'abbé Bertholon, Tome 2. page 160.

„ Ce caille-lait, a un port très différent
„ des autres espéces de ce genre; les feuilles
„ sont réfléchies, lancéolées, d'environ six
„ à chaque verticille, à la tige inférieure,
„ mais ne sortent que deux à deux à la su-
„ périeure; les tiges sont quarrées, lisses au
„ toucher, et peu rameuses, contre l'ordi-
„ naire des autres caille-laits; le pédicule
„ des fleurs est très court, la corolle droite,
„ plus petite que le fruit, placée latérale-
„ ment, comme dans les *valances*; le fruit
„ est comme chagriné et hérissé de poils. „

29. CAILLE-LAIT À FLEURS VERTES.

Gallium viridiflorum, Danthoine.

Gallium caule flaccido ramoso, scabro, foliis suboctonis, lanceolato linearibus, floribus minutis, subherbaceis, fructibus glabris, Danthoine.

Nous devons au même botaniste la cónnoissance de cette plante. Il prétend qu'on

ne parviendra à bien distinguer les caille-
laits, que par les couleurs; celui-ci se fait
remarquer par ses pétales herbacés et par ses
fruits glabres ou raz.

Cette espèce vient en Provence dans les
endroits stériles, sur les masures.

3o. CAILLE-LAIT GRÊLE.

Gallium gracile, Danthoine.

*Gallium foliis setaceis, laevibus, suboctonis,
pedicellis capillaribus, seminibus hirsutis canes-
centibus*, Danthoine et Gérard.

Ce caille-lait se distingue aisément de ses
congénères par son fruit couvert d'un duvet
blanc et par ses feuilles soyeuses, plus étroites; la corolle est droite, plus petite que le
fruit.

On le trouve en abondance, dit M. Danthoine, sur plusieurs montagnes de la Provence; M. Gérard, naturaliste distingué de
cette province, le regarde aussi, comme
étant une espèce nouvelle.

31. CAILLE-LAIT DE LA FORÊT NOIRE.

Gallium hercinicum, Villar, flore du Dauphiné, Tome 1. page 271.

Gallium album supinum multicaule, Dillen.

Gallium folio decumbente ramosissimo, foliis quinis, subrotundis, lanceolatis, aristatis, petiolis ramosis, Haller, *Hele.* N°.717.

Ce caille-lait offre beaucoup de tiges rameuses, courtes, d'environ un pied, tétragones; les feuilles sont rondes, cependant terminées en lance; les péduncules sont axillaires, à une ou deux fleurs, quelquefois davantage, les fruits sont petites.

On trouve cette plante dans la forêt noire, qui est la belle Hercynie des anciens. Le baron de Haller l'indique parmi les champs des environs de Bâle.

3₂. CAILLE-LAIT DE SCOPOLI.

Gallium scopoli, Villar, flore du Dauphiné, Tome 1. page 301.

Sa tige est simple; ses feuilles, ordinairement au nombre de quatre par verticilles, sont obtuses, lancéolées, glabres, avec trois nervures; les fleurs sont axillaires et polygames.

Ce caille-lait a été trouvé au bas de la montée du mont Génevre, en Dauphiné, par M. Villar, qui en fait hommage à l'illustre Antoine Scopoli, naturaliste allemand, né en Istrie et que la mort vient de nous enléver.

33. CAILLE - LAIT SETACÉ.

Gallium setaceum, La Marck, Encyclopédie, 584.

Ce caille - lait est presque aussi petit et
aussi fin que le caille - lait nain ; ses tiges
sont longues de trois à quatre pouces, menues, glabres, et plusieurs fois fourchues
dans leur partie supérieure, où leur grande
ténuité les fait paroître capillaire ; les feuilles sont linéaires, très étroites, non mucronées, à bords repliés en dessous, et au nombre de six ou sept à la plupart des verticilles ; elles sont presque droites, plus courtes
que les entre-nœuds, et les inférieures sont
plus petites, moins étroites et moins nombreuses que les autres, quelques unes sont légèrement ciliées sur les bords ; les fleurs sont
très petites, paroissent d'un pourpre brun,
viennent aux sommités en petits corymbes
munis chacun d'une bractée setacée à leur
base; les fruits sont petits, et très hérissés
de poils blancs.

Cette espèce a été trouvée en Espagne.

34. CAILLE-LAIT À GROS FRUITS.

Gallium megalospermum, Allion. *pedem.*
N°. 35. t. 79. f. 4.

Il vient en touffe, et s'élève sur des tiges,
tout au plus de la longueur du doigt, garnies de rameaux nombreux et alternes; ses

feuilles au nombre de cinq à la plupart des verticilles, sont elliptiques, acuminées, vertes et denticulées sur les bords; les rameaux sont terminés par deux fleurs pédicellées et jaunâtres; les fruits sont gros, ridés et d'un blanc sale.

Cette plante croit sur le mont Cenis.

Allioni en a donné la figure dans sa flore du Piémont.

35. CAILLE - LAIT POURPRE.

Gallium purpureum.

Gallium nigro - purpureum montanum tenuifolium, Col. *Ecphr.* 1. p. 298. Rai, *Hist.* 1. 482.

Sa racine ressemble assez à celle de la garance, étant aussi rougeâtre, pousse plusieurs tiges jaunâtres; les feuilles sont étroites, verticillées, garnies de poils, hérissées; les péduncules sont capillaires, plus longs que les feuilles; les fleurs sont d'un purpurin noir.

On trouve cette plante en Italie et dans la Suisse; elle fleurit en juin.

36. CAILLE - LAIT ROUGE.

Gallium rubrum.

Gallium rubro flore, Clus. *Hist.* 2. p. 175. Rai, *Hist.* 1. 482.

Cette plante est fort rameuse, paniculée; ses tiges sont grêles, anguleuses, cylindriques, articulées, couchées, scabres, hautes d'un pied ou un peu plus, garnies dans leur partie supérieure de rameaux nombreux, très menues; les feuilles sont étroites, longues, lancéolées, entières, glabres, linéaires, vertes, au nombre de six à sept par verticilles caulinaires, quatre à cinq aux verticilles des ramifications; les fleurs sont à péduncules courts, petites, terminales, quadrifides, rouges ou purpurines; les semences glabres.

Cette plante croit en France, dans le Palatinat, la Carniole, l'Italie; fleurit en juin, juillet et août.

Ses iconographes sont Morison, Lecluse, Hill, Jean Bauhin.

37. CAILLE - LAIT JAUNE.

Gallium verum.

Gallium, Dod. *pempt.* 335. Rai, *Syn.* 224.

Gallium luteum, Rai, *Hist.* 1. 482.

Sa racine est noueuse, grêle, traçante, longue, ligneuse, garnie de plusieurs filamens, et d'un jaune foncé tirant sur le rouge; elle pousse plusieurs tiges menues, presque entièrement droites, un peu velues, quadrangulaires, génouillées, hautes d'un pied à un pied et demi, rougeâtres dans les lieux exposés au soleil; les feuilles disposées en étoiles, au nombre de huit et quelque fois d'avantage à chaque verticille, sont linéaires, en lacet, molles, étroites, sillonnées, pointues, elliptiques; les fleurs constamment jaunes, d'une assez bonne odeur, évasées, en cloche, crucifères, petites, nombreuses, posées sur des péduncules fort courts, hautes de demi ligne, placées au sommet des tiges en panicule oblongue, composées de petites grappes en épis, avec des bractées à la base des péduncules. Thunberg rapporte dans sa flore japonoise, que la fleur de ce caille-lait est constamment blanche au Japon, et les feuilles longues; les fruits ont la figure d'un croissant, ou d'un rein.

C'est une des plantes les plus communes de toute l'Europe.

Elle aime les prés, le bord des chemins, spécialement les terres sèches et sablonneuses; fleurit depuis la fin du printemps, jusqu'au mois d'août; elle est perennelle.

Les sommités fleuries du caille-lait jaune sont officinales : les médecins les emploient contre les maladies convulsives; elles sont d'ailleurs apéritives et emménagogues; cette plante réduite en poudre, à la dose d'un gros, ou en décoction, une poignée sur une pinte d'eau, offre un bon medicament contre l'épilepsie. La chirurgie et la médecine vétérinaire peuvent également en rétirer de grands secours.

M. Bonafos, le jeune, médecin de Colioure, a fait insérer dans le second volume du recueil d'observations de médecine des hôpitaux militaires, fait et rédigé par M. Richard de Hautesierck, page 449, une observation, qui constate la guérison d'une épilepsie guérie par l'usage du caille-lait jaune.

Ses sommités fleuries sont encore employées avec succès à faire d'excellens fromages et à teindre les étoffes de laine en jaune ; elles sont aimées, des chevres , des brebis , etc.

Cette plante figure très bien dans les gazons champêtres ; sa racine a la propriété de colorer en rouge, les draps et les laines ; les animaux qui s'en nourrissent quelques temps, ont leurs os purpurins. Les Italiens mangent la racine de caille-lait jaune, à fin de s'exciter à l'amour.

Voici ses principaux iconologistes : Sabbati, Miller, Blackwell, Hill, Ludwig, Kniphoff, Dodoné, Fuchs, Tilland, Garsault, Regnault, Durante ; les anciens simplicistes l'appelloient petit muguet.

Terminons l'article de ce caille-lait par le quatrain suivant.

Gallium et est lassis recreatio, sanguinis atque

Profluvium cohibet ; jucundum spirat odorem;

Et venerem stimulat, combustis atque medetur;

Et densat liquidum, lac inde coagulat ipsum.

38. CAILLE-LAIT FIN.

Gallium minutum.

Gallium saxatile minimum supinum et pumilum , flore Luteo, T. 1152.

Ce caille-lait ressemble au précédent, mais il est beaucoup plus petit et couché ; ses tiges sont lisses , raboteuses sur leurs bords ; la fleur délicate, le fruit charnu et grand.

Cette plante se trouve dans l'empire Russe, en Chine et en Tartarie ; elle offre la même perennéité que celles des autres espèces de ce genre.

La plupart des caille-laits se multiplie en divisant les racines qui s'étendent considérablement , soit au printemps , soit en automne.

ASPÉRULE , *ASPERULA.*

JE crois qu'il faut actuellement passer au genre des Aspérules. Il offre un calice à périanthe divisé en quatre segmens très petits, supérieurs ; la corolle est à long tube cylindrique, infundibuliforme, monopétale, pédunculée, terminale ; le limbe communément quadrifide, ses découpures sont ouvertes ,

tes, avec quatre étamines, placées sur le tube; le germe est inférieur, obrond, didyme, d'où s'élève dans le centre de la fleur un style fendu en deux à son sommet; le fruit consiste en deux baies, ou semences globuleuses, réunies, sèches. Ce genre ne diffère de celui du caille lait, que relativement à la corolle qui est en entonnoir; les fleurs sont terminales, petites et comme par faisceaux, les racines rameuses, les tiges angulaires, génouillées, herbacées, branchues; les feuilles simples, verticillées, sessiles.

1. HÉPATIQUE ÉTOILÉE OU MU-GUET DES BOIS.

Asperula odorata.

Asperula, Rai, *Syn.* 224. *Hist.* 1. 483.

Gallium odoratum, Scop. *Carn.* 1. 105.

Asperula, sive Rubeola montana odorata, C. B. 334.

Hepatica stellata, Tabern. 816.

Matri sylva, Trag.

Stellaria, Brunf.

De sa racine menue, rampante, noueuse, fibrée, naissent des tiges, greles, légèrement droites, tétragones, simples, glabres, feuillées, noueuses, hautes de six à neuf pouces, de chaque nœud sortent sept ou huit feuilles ovales, lancéolées, disposées en étoiles ou verticilles, qui sont assez rudes, d'un vert peu foncé, les supérieures dont les tiges non fleuries sont plus grandes que les autres; les fleurs sont blanches, pédunculées, terminales, odorantes, en entonnoir, fendues en quatre; elles sont remplacées par des fruits un peu velus; l'ovaire est également villeux et hérissé.

Cette plante croit dans les forêts, surtout dans les bois taillis montueux, en Europe; sa saveur est un peu salée et austère, aussi abonde-t-elle particulièrement en alkali fixe, son odeur est agréable et restaurante, elle a la propriété de chasser les teignes et les blattes. On la trouve dans les pharmacies, parcequ'elle abonde en vertus médicinales; les nouvelles périodiques l'ont célébrée depuis peu comme un spécifique contre la rage; elle avoit déjà cette réputation du temps de Gesner qui l'a nommé pour cela *Alyssos*; elle fournit une excellente nourriture aux troupeaux. La fleur est aimée des abeilles; mise en petite quantité dans le vin, elle le rend plus agréable; elle fait la base des vulnéraires suisses ou Faltranck.

Stanislas, roi de Pologne, duc de Lorraine et de Bar, en faisoit usage en guise de thé, tous les matins.

L'hépatique étoilée fleurit en avril, mai et juin; elle est perennelle.

Oeder, Müller, Garsault, Ludwig, Kniphoff, Blackwell, Dodoné, Tabernæmontanus, Gérard, Hill et Durante, ont donnés sa figure.

Voici le distique que ce dernier rapporte en son honneur.

Asperula exhilarat vino conjecta medetur
Et cordi, et jecori, ac pellit contagia pestis.

2. CINANCHINE OU GARANCE DE CHIEN.

Asperula cinanchica.

Cynanchica, Dalech. *Hist.* 1125.

Rubia cynanchica, C. B. 333. Rai, *Hist.* 1. 485.

Gallium album minus, Tab. *hist.* 151.

Rubeola vulgaris quadrifolia, T. 130. Rai, *Syn.* 225.

De sa racine longue, grosse, ligneuse, noirâtre, branchue, profonde en terre, garnie de beaucoup de fibres, naissent plusieurs tiges gréles, lisses, anguleuses ou quarrées, couchées sur terre pour la plupart, hautes d'environ un pied. Ses feuilles sont étroites, linéaires, glabres, d'un vert clair, ou un peu glauque, ordinairement quaternées à la plupart des verticilles; les fleurs sont petites, naissent au sommet des tiges et des rameaux en maniere d'ombelles, infundibuliformes, blanches, quadrifides, quelquefois rougeâtres, un peu odorantes, ou disposées par petits faisceaux, pédunculées, pleines d'une pulpe blanche. A ces fleurs succèdent des graines rudes au toucher, oblongues, réunies deux ensemble, par un diaphragme, jaunâtres, lorsqu'elles sont dans leur maturité, subéreuses et hémisphériques, le germe ou l'ovaire est rougeâtre et un peu velu.

On trouve cette plante dans les friches, près des chemins, dans les prairies graminées montagneuses sèches, a sol crayeux, pierreux; elle fleurit dès la fin du printemps et pendant tout l'été; elle est vivace.

On la dit résolutive, astringente, contre l'esquinancie, soit à l'intérieur, ou en gargarisme, ou en topique; elle est officinale à Berlin.

La racine de la cinanchine teint en rouge comme la garance ordinaire; surtout si on la fait bouillir dans du fort vinaigre; elle a encore la propriété de colorer en rouge les os des animaux.

Ses iconographes principaux sont Columna, Tabernæmontanus, Jean Bauhin, Kniphoff et Hill.

M. le chevalier de La Marck, dans sa flore françoise, ne fait de la cinanchine qu'une variété de son aspérule rubéole. Il fait de même de *l'Asperula tinctoria* et de *l'Asperula pyrenaica*, prétendant que ces variétés ne

dépendent que de la nature du sol. ,,Les tiges
,, de la plante, dit il, que j'ai observées, sont
,, menues, un peu dures, rameuses, anguleu-
,, ses et feuillées ; dans les lieux secs et mon-
,, tagneux, elles sont couchées et longues de
,, cinq a huit pouces ; dans les lieux fertiles
,, et cultivés, elles sont assez droites, et s'é-
,, levent jusqu'à un pied et demi ; ses feuilles
,, sont linéaires, glabres, simplement opposées
,, dans le voisinage des fleurs, ordinairement
,, quaternées à la plupart des verticilles, et
,, quelquefois six à six selon les circonstances
,, que je viens de citer ; les fleurs sont petites,
,, terminales, de couleur rougeâtre, ou quel-
,, quefois blanches, trifides ou quadrifides. ,,

3. ASPÉRULE BLEUE DES CHAMPS.

Asperula arvensis.

Asperula flore cœruleo, Rai, *Hist.* 1. 483.

Gallium arvense flore cœruleo, T. 115.

Aparine cœrulea elatior. Magn. *Hort.* 19.

Rubeola cœrulea erectior elatiorque, **J. B.** 3.
719.

Sa racine est longue, jaunâtre en dehors,
blanche en dedans, fibreuse, et pousse une
tige rameuse, feuillée, presque lisse, un
peu tuméfiée aux articulations, droite,
fourchue, quarrée, haute de huit à dix
pouces, les rameaux opposés ; ses feuilles

sont au nombre de six à huit par verticille, linéaires, lancéolées, un peu obtuses; ses fleurs sont bleues, terminales, assises, ramassées en faisceaux, ou ombelles serrées avec des bractées cili es, qui forment des colleretes étoilées; les anthéres sont jaunâtres; l'ovaire glabre; le stigmat capité et jaunâtre; le fruit lisse.

Sa racine donne une belle couleur rouge.

On trouve cette plante parmi les champs, les guérets, dans presque toute l'Europe; elle est annuelle, fleurit en mai, juin et juillet.

Dodoné, Lobel, Hill, Jean Bauhin, Durante en ont donné la figure dans leurs traités.

4. ASPÉRULE DE TURIN.

Asperula taurina.

Rubia quadrifolia vel latifolia laevis, Rai, *hist.* 1. 479.

Gallium taurinum, Scop. *Carn.* 1. 101.

Cruciata alpina latifolia laevis, Scheuchz. *ic.* 2. p. 132.

'*Rubia laevis taurinensium*, Lob. *ic.* 800.

De la racine menue, traçante, articulée, rouge, rameuse, naissent des tiges droites, quarrées, hautes d'un pied, un peu branchues, les rameaux alternes; les feuilles sont toutes par quatre, larges, ovales, lancéolées, aigues, chargées de quelques poils en dessous, et marquées chacune de trois nervures, disposées comme celles des plantains; les fleurs sont fasciculées, blanches, terminales, tubulées, en verticilles, à péduncule alterne, avec des bractées ciliées; les unes sont hermaphrodites, et les autres sont mâles et stériles.

Cette aspérule se trouve en Italie, en Allemagne, dans la Suisse, aux environs de Turin et de Montpellier; elle est vivace et fleurit en mai.

Sa racine est propre à préparer une belle teinture rouge.

L'on peut voir la figure de cette plante dans Jean Bauhin, Lobel, Morison, Hill, Barrelier, et Kniphoff.

5. ASPÉRULE RUBÉOLE.

Asperula tinctoria.

Gallium album 3. Tab. Hist. 433. t. 33. f. 1.

Gallium tinctorium, Scop. Carn. 1. 101.

Cette plante est couchée; ses tiges sont déliées, rameuses, lâches; les feuilles sont étroites, linéaires, glabres, un peu glauques, souvent réfléchies, semblables à celles du serpolet; les fleurs sont longues et blanches; les semences lisses.

On la trouve en Suède, en Allemagne, en France, en Sibérie, dans la Suisse; sur les collines et les roches; elle est vivace, fleurit en mai, juin, juillet et août.

La racine cuite dans du fort vinaigre, donne une belle couleur écarlate aux draps.

L'on voit la réprésentation de cette aspérule dans Tabernæmontanus, Kniphoff et Hill.

6. ASPERULE LISSE.

Asperula laevigata.

Gallium rotundifolium, *Sp. plant.*

Rubia quadrifolia S. rotunda laevis, **C. B.** 334. Rai, *Hist.* 1. 478.

Cruciata lusitanica latifolia glabra, *flore albo*, **T.** 115.

Sa racine multipliée, offre des radicules très fines, un peu rameuses, extrêmement longues, chevelues, rougeâtres; les tiges qui en proviennent sont simples, génouillées, grêles, lisses, tétragones, étendues, un peu branchues à la base, hautes de six à sept pouces; les feuilles sont quaternées, ovales, pétiolées, obtuses, lisses, étalées, petites, linéaires, vertes; les fleurs sont souvent ternées, blanches, terminales, pédunculées, paniculées; la corolle courte, tubulée, blanche, les anthères jaunes, le style filiforme, l'ovaire didyme, oblong la semence raboteuse.

L'on trouve cette aspérule en Suisse, dans la Stirie; le Portugal, l'Allemagne, la Sibérie, la Carniole, et sur les montagnes des régions moyennes et australes de l'Europe; elle est perennelle, fleurit en juin et juillet.

Ses principaux iconographes sont Jean Bauhin, Morison, Boccone, Jacquin, et le pere Barrelier.

Il y en a une variété qui s'élève davantage, qui a ses feuilles un peu velues ou ciliées en leurs bords; ses fruits sont hérissés de poils blancs.

7. ASPÉRULE DES ROCHES.

Asperula pyrenaica.

Rubia cynanchica saxatilis, C. B. 333. Rai. *Hist.* 1. 485.

La racine est blanche, oblongue, fine, fibreuse, teint les os des animaux en rouge; les tiges sont droites, quadrangulaires, menues, rameuses; toutes les feuilles caulinaires sont quaternées, carinées, linéaires, pointues, lisses, vertes; les fleurs sont tubulées, rougeâtres, fasciculées, terminales, souvent trifides.

Cette aspérule présente le même port que la Shérarde des champs; on la trouve en

Suisse, dans les Pyrénées du côté de l'Espagne, proche Valence et en Auvergne ; elle est vivace et fleurit en août.

Burser et Hill en ont donné la figure.

8. ASPÉRULE DE CALABRE.

Asperula calabrica.

Asperula foliis quaternis oblongis obtusis laevibus. Linn. *fil. suppl.* 120.

Cette plante nouvellement découverte, est lisse ; ses tiges sont rondes, un peu dures, à peine pubescentes ; ses feuilles sont quaternées, oblongues, lancéolées, lisses, émoussées, un peu pétiolées ; les rameaux fleuris sont terminaux, au nombre de trois, munis de feuilles opposées, portant des fleurs purpurines, fasciculées, sessiles ; la corolle de la longueur des feuilles, et semiquadrifide ; les filamens longs comme la corolle ; les anthères linéaires ; le style soyeux, de la longueur des étamines.

Cette espèce croît dans la Calabre.

9. ASPÉRULE BARBUE.

Asperula barbata.

Asperula foliis linearibus subcarnosis ; inferioribus quaternis, floribus subternis aristatis. Lin. *fil. suppl.* 120.

Cette aspérule découverte depuis peu, a ses tiges droites ; ses feuilles linéaires, un peu charnues, les inférieures quaternées ; les fleurs sont pâles, jaunâtres, incisées, barbues, disposées souvent par trois, dans une situation parallèle ; les découpures sont terminées par une petite pointe ou barbe courte.

On la trouve dans l'Europe australe.

SHÉRARD , *SHERARDIA.*

CE genre présente par son calice un petit périanthe, à quatre dents, persistant, supérieur, porté sur le germe ; la corolle est monopétale, longue, infundibuliforme, le tube cylindrique, le limbe en quatre parties, unies, aigues. Les étamines forment quatre filamens simples, attachés à la base du tube, terminés par les anthères ; le pistil offre un germe oblong, et jumeau, placé au dessous de la fleur ; il soutient un style mince, filiforme, bifide, couronné par deux stigmats à tête. Ce germe devient un fruit oblong, couronné par les dents du calice, biloculaire, ayant par conséquent deux sémences oblongues, cordiformes, séparées, marquées de trois points au sommet, convexes et un peu unies ; les racines sont rameuses ; les tiges herbacées, branchues, quadrangulaires, articulées; les feuilles sessiles, simples, entières, verticillées inférieurement, opposées à la partie supérieure; les fleurs pédunculées.

Ce genre diffère de celui des aspérules, seulement par la semence qui est couronnée; son nom lui a été donné par Dillen, en l'honneur du docteur Guillaume *Shérard*, que Boerhaave appelle le prince des botanistes.

1. SHÉRARD DES CHAMPS.

Sherardia arvensis.

Dillenia, Heist. *Helmst.*

Sherardia, Dill. *gen.* 96.

Rubeola arvensis repens cœrulea. Rai, *Hist.* 1. 483. C. B. 334.

Rubia parva, flore cœruleo se spargens. J. B. 2. 719.

Asperula cœrulea repens, Boerh. *Lugd.* 1. 149. Rai, *syn.* 215.

Aparine supina, pumila, flore cœruleo, T.

De la racine fibreuse, blanche en dedans, jaunâtre au dehors, filiforme, courte, naissent des tiges longues de cinq à six pouces, gazonnées, plus ou moins droites, rameuses,

feuillées, très fines, rudes en leurs angles ;
les feuilles sont lancéolées, nerveuses, elliptiques, très aigues , verticillées, quatre à
six par chaque nœud, hérissées de poils roides ; ses fleurs sont bleuâtres, ou purpurines , terminales, ramassées en ombelle garnie d'une collerette étoilée ; le style bifide ;
le stigmat oval , obtus , blanc.

On trouve cette plante parmi les champs ;
elle est annuelle ; ses fleurs paroissent dès
le mois de mai, et perfectionnent leurs semences en automne.

Cette plante plait aux moutons.

L'on peut voir son image dans Jean Bauhin , Oeder , Hill , Barrelier , et son fruit
dans Gærtner.

2. SHÉRARD DES MURAILLES.

Sherardia muralis.

Aparine minima , Allion. *Nic.*

Asperula muralis , minima. Rai , *Hist.* 1.
484.

Asperula verticillata luteola. C. B. 334.

Gallium minimum , seminibus oblongis. Buxb.
cent. 2. p. 31. t. 31. f. 2.

Rubia quadrifolia , verticillato semine. Magn.
Bot. 226.

Valantia rupestris. La Marck, *fl. franç.* 3.
p. 384.

Cette plante a ses tiges couchées ; ses feuilles sont ovales, lancéolées, verticillées, au nombre de six inférieurement, quatre à la partie moyenne et deux en haut ; les fleurs sont au nombre de deux sur le même péduncule, pâles, unies, avec deux bractées opposées ; les fruits sont oblongs, hérissés, les semences un peu arquées, très légèrement couronnées.

On trouve cette plante en Italie, dans la Provence, aux environs de Marseille et de Montpellier, à Constantinople, sur les vieux murs ; elle est annuelle ; ses fleurs s'épanouissent en juin.

Columna, Buxbaum et Hill donnent sa figure.

CRUCIANELLE , *CRUCIANELLA.*

Ce genre comprend des herbes à feuilles verticillées, à fleurs monopétales, sessiles dans les aisselles des feuilles, ou entre des bractées embriquées et en épi ; elles offrent un calice inférieur, composé de deux folioles lancéolées, acuminées, rudes, à dos cariné ou tranchant, comprimées latéralement et conniventes ; la corolle en entonnoir, à tube très grêle, cylindrique, dont le limbe est petit, unguiculé, divisé en quatre ou cinq segmens, dont les pointes se recourbent en dedans, avec quatre ou quelquefois cinq étamines insérées à l'orifice du tube de la corolle, sans être saillantes hors de la fleur ; un ovaire inférieur à la corolle, serré, surmonté d'un style bifide, de la longueur du tube, à stigmats obtus ; le fruit biloculaire, contenant deux semences menues, oblongues, ou linéaires ; les racines rameuses, les feuilles sessiles, simples, entières.

Les crucianelles n'habitent que les pays chauds et méridionaux ; elles sont inconnues dans le nord et les contrées boréales.

1. CRUCIANELLE À FEUILLES ÉTROITES.

Crucianella angustifolia.

Rubia angustifolia spicata. **Rai,** *Hist.* 1. 485. C. B. 334. *prodr.* 145.

Pseudo — Rubia spicata angustifolia. **Moris.** *Hist.* 3. f. 9. t. 22. *fig. penult.*

Asperula spicata glumis floralibus maximis, Haller, *Gotting.* 187.

De sa racine fibreuse, filiforme, sort une ou plusieurs tiges trés menues, quadrangulaires, rameuses, couchées à leur base, redressées dans leur partie supérieure, glabres.

hautes de six à neuf pouces; ses feuilles sont étroites, linéaires, pointues, plus courbes que les entre nœuds, et communément six à chaque verticille; les épis sont droits, terminaux, longs de deux ou trois pouces, en tuiles, non interrompus, et agréablement panachés de vert et de blanc; la corolle est à peine plus longue que les bractées et le calice qui les enveloppent.

On trouve cette plante à Montpellier, dans les autres provinces méridionales de la France, et en Italie, dans les endroits sablonneux et pierreux; elle est annuelle, fleurit en juin, juillet et août; et ses semences mûrissent en automne.

Ses principaux iconologistes sont Sabbati, Kniphoff, Barrelier, Hill et Morison. Gært-ner a parfaitement représenté son fruit et toutes ses parties.

2. CRUCIANELLE À FEUILLES LARGES.

Crucianella latifolia.

Rubia latifolia spicata, C. B. 334. Rai, *Hist.* 1. 485.

Rubeola latiori folio, T. 130.

Cette plante a de si grands rapports avec celle qui précède, que je dirai avec les chevaliers de Linné et de La Marck, que, peut-être, elle n'en est qu'une variété; néanmoins

ses

ses feuilles sont plus courtes , plus élargies, au nombre de quatre dans la plupart des verticilles ; les épis sont verdâtres et comme quadrangulaires.

On trouve cette crucianelle en Crête, dans les isles de Candie et de l'Archipel, dans l'Italie, et aux environs de Montpellier ; elle est annuelle et fleurit en juin, juillet et août.

L'on voit sa figure représentée dans les ouvrages de Jean Bauhin, de Clusius, de Hill, et du pere Barrelier.

3. CRUCIANELLE ÉTALÉE.

Crucianella patula.

Crucianella diffusa - foliis senis , floribus sparsis. Lin. *Amœn. acad.* 3. p. 401.

Cette plante est diffuse, a ses rameaux étalés ; ses feuilles linéaires, scabres, six ensemble aux verticilles ; les fleurs sont éparses, axillaires, situées sur des rameaux propres, fourchus, munis de feuilles deux à deux ; les corolles sont jaunes, découpées en cinq segmens, fermées.

Cette crucianelle est originaire d'Espagne.

4. CRUCIANELLE MARITIME.

Crucianella maritima.

Rubia maritima. **C. B.** 334. **Rai,** *Hist.* 1. 485.

* * * * * *

Cette crucianelle est remarquable par son feuillage glauque et par le nombre des divisions de ses fleurs ; ses tiges sont contournées, perennelles, ligneuses, rameuses, dures, feuillées dans toute leur longueur, longues d'environ un pied ; ses feuilles sont quaternées, lancéolées, pointues, roides, courtes, ovales, bordées de blanc ; les fleurs sont tristes jaunâtres, fermées pendant le jour, ouvertes la nuit ; la corolle est barbue, divisée en cinq découpures, avec des bractées ovales, mucronées, glauques, à bords blancs et scarieux ; elles sont opposées en croix.

On trouve cette plante en Crête, dans l'Italie, aux environs de Montpellier, et dans les autres provinces méridionales de la France, dans les lieux maritimes ; elle est vivace, et sa fleur paroit en juillet.

L'on voit cette crucianelle figurée dans les traités de Lecluse, Dodoné, Kniphoff, Barrelier, Miller, Hill et Sabbati.

5. CRUCIANELLE DE MONTPELLIER.

Crucianella monspeliaca.

Rubia spicata repens. Magn. *Monsp.* 225.

Rubeola supina, spica longissima, T. 130.

Tiges diffuses, assez grossieres, un peu rudes en leurs angles, alternes, roides,

simples ; les feuilles inférieures sont quaternées, courtes, ovales, droites, pointues ;
cinq à six à la partie supérieure, linéaires,
aigues ; les fleurs sont terminées en épi, ont
leur péduncule nud, ressemblent à celles de
la crucianelle à feuilles étroites, panachées
de vert et de blanc ; les corolles sont saillantes, et plus longues que les bractées ou
écailles qui les enveloppent ; ses longs épis
la font aisément distinguer.

On trouve cette plante dans la Palestine ;
aux environs de Montpellier ; dans le comté
de Nice ; elle est annuelle, donne sa fleur
en juillet.

Hill en offre une idée par la gravure.

Rai prétend que cette plante n'est qu'une
variété de la crucianelle à feuilles étroites.

6. CRUCIANELLE CILIÉE.

Crucianella ciliata, La Marck.

C'est une nouvelle espèce, décrite par M.
le chevalier de La Marck, qui est très remarquable par les cils de ses bractées, surtout
par la forme de ses fruits ; elle s'élève à la
hauteur de six ou sept pouces ; ses tiges sont
herbacées, menues, glabres, quarrées, foibles, feuillées, rameuses et diffuses ; ses
feuilles sont linéaires, pointues, carinées,
à bords souvent repliés en dessous, un peu
scabres en dessus, quaternées aux verticilles inférieures, et ensuite simplement op-

posées ; les bractées sont disposées en épi lâche aux sommités de la plante ; elles sont opposées, linéaires, pointues, fortement carinées, et bordées de cils roides un peu courts, qui les font paroître comme denticulés. Les fleurs sont opposées, solitaires, sessiles dans les aisselles des bractées, elles ont un calice inférieur, de deux folioles ciliées comme les bractées et droites, sans être conniventes ; un ovaire assez gros, ridé, supérieur au calice, et inférieur à la corolle, qui est un tube fort grêle, terminé par un limbe ; le fruit est une semence ovoïde toute couverte de tubercules obtus, comme écailleux, serpentant et diversement contournés. Malgré que cette crucianelle a une origine orientale ; elle est non seulement naturalisée au jardin du roi, mais je l'ai observé dans d'autres jardins botaniques de l'empire françois ; nous là devons à M. André ; elle est annuelle.

Si l'on séme à demeure sur une planche de terre légére la plupart des crucianelles, elles n'exigéront aucune autre culture que d'être éclaircies dans les endroits où elles seront trop serrées ; il faut les tenir constamment nettes, en leur donnant le tems d'écarter d'elles mêmes leurs graînes, elles pousseront au printemps et ne demandent aucun soin.

CROISETTE , *VALANTIA.*

Ce genre offre des fleurs mâles , femelles et hermaphrodites sur le même pied , ce qui la fait ranger par Linné dans la vingt-troisième classe de son systéme sexuel ; premiere section ; les fleurs des croisettes sont monopétales , simples , solitaires , axillaires , comprimées , pédunculées , découpées en quatre segmens ovales , aigus , unis , avec quatre étamines , aussi longues que la corolle , terminées par de petites anthéres ; le germe soutient un style bifide , menu , de la longueur des étamines , il est couronné par des stigmats à tête ; le calice est coriace , comprimé , réfléchi , forme le germe , devient par la suite une capsule épaisse , applatie , qui contient une semence globuleuse ; les tiges sont herbacées , tétragones , articulées , rameuses ; les feuilles sessiles , entières , verticillées , les racines fibreuses , simples ou branchues.

Ce genre ne diffère de celui des caille laits, que par la disposition des fleurs , qui ne terminent point les tiges , mais sont toutes axillaires ou disposées par bouquets latéraux ; les espèces européennes de ce genre sont les suivantes.

* * * * * * 3

1. CROISETTE.

Valantia cruciata.

Cruciata, Dod. *pempt.* 257. Rai, *Hist.* 1. 479.

Gallium cruciata, Scop. *Carn.* 1. 100.

Cette plante a ses racines jaunes, qui s'étendent beaucoup dans la terre ; il en sort des tiges nombreuses, velues, foibles, tétragones, les angles sont rougeâtres, longues d'un pied et demi, garnies à chaque nœud de quatre feuilles placées en croix, sessiles, ovales, velues, petites, marquées de trois nervures ; les fleurs sont jaunes, verticillées, campanulées, polygames, d'une seule pièce, à péduncule diphylle, rameux ; la corolle divisée en quatre parties, avec des bractées ; le calice devient un fruit composé de deux semences arrondies.

On trouve cette plante dans les buissons, les haies et les endroits herbacés de l'Allemagne, en France, en Suisse ; elle est perennelle, fleurit en mai et pendant l'été, son odeur est assez forte.

La médecine estime cette croisette, vulnéraire et astringente ; on peut l'employer tant à l'intérieur qu'à l'extérieur.

La racine teint en rouge comme la garance.

Dodoné, Garsault et Hill en ont donné la figure.

2. CROISETTE GLABRE.

Valantia glabra.

Cruciata glabra, C. B. 335.

Gallium vernum , Scop. *Carn.* 1. 99.

Rubia quadrifolia glabra angustifolia, J. B. 3. 717. Rai , *Hist.* 1. 479.

Cette plante ressemble beaucoup à la croisette précédente, mais ses tiges sont plus grêles , droites , glabres, simples , quadrangulaires ; les feuilles sont verticillees , très longues , lancéolées ; les fleurs jaunes , au nombre de deux à trois sur le même péduncule, polygamiques ; elles paroissent en juin et il y en a d'hermaphrodites , de mâles *et* de femelles ; les stigmats sont jaunes, orbiculaires ; les fruits glabres.

On trouve cette croisette en Autriche et en Italie ; elle est vivace.

Sa figure se trouve dans Jean Bauhin et Scopoli.

3. CROISETTE GRATERON ou VALANCE TRIFLORE.

Valantia aparine.

Valantia triflora. La Marck, *fl. françoise* 3. p. 384.

Aparine semine laevi. Vaill. *Paris*, 18. t. 4. f. 3. Rai, *Hist.* 1. 484.

Gallium , Haller.

Cette plante ressemble au grateron ; ses tiges sont scabres aux angles, couchées, grêles, foibles, feuillées dans toute leur longueur, longues d'un pied ; ses feuilles sont au nombre de six par verticille, ciliées, linéaires, raboteuses à leur bord ; les floscules hermaphrodites, sessiles ; les mâles à péduncule à trois fleurs ; les semences lisses, sphériques, excavées intérieurement, leur structure a de la conformité avec celles des convallaires ; la superficie de cette semence est revêtue d'une enveloppe subéreuse, garnie d'inégalités et de verrues.

On trouve cette croisette en Allemagne, aux environs de Montpellier, dans les provinces méridionales, parmi les bleds ; elle est annuelle et fleurit en juin.

Ses iconographes sont Kniphoff, Vaillant, Hill, etc.

4. CROISETTE DES MURAILLES.

Valantia muralis.

Cruciata muralis minima romana. Cœl. *Ecphr.* 1. 298. Rai, *hist.* 1. 479.

Rubia quadrifolia verticillato semine, Magn. *Bot.* 226.

Valantia quadrifolia verticillata, T. *act.* 1706.

Asperula obtuso folio, Barr. *icon.* 541. N°. 2.

Rubeola échinata saxatilis, C. B. 334.

Ses tiges sont glabres, menues, feuillées, simples ou rameuses à leur base, longues de trois ou quatre pouces; les feuilles sont quaternées, petites, ovales, obtuses, retrécies en pétiole à leur base, vertes et très glabres; les péduncules sont courts, axillaires, simples, portants ordinairement deux fleurs d'un vert jaunâtre, dont une stérile et bifide, l'autre quadrifide.

On trouve cette croisette en Italie, dans les provinces méridionales, sur les murs et les rochers; elle est annuelle et fleurit en juin.

Nôtre grand Tournefort a donné une dissertation insérée dans les mémoires de l'académie royale des sciences de Paris sur cette plante.

Morison, Barrelier, Tournefort et Hill, l'ont fait graver.

5. CROISETTE HISPIDE.

Cruciata hispida.

Gallium, Turner.

Aparine semine coriandri saccharati, Park-theatr. 596.

Aparine fructu verrucoso. Rai, *Hist.* 1. 484.

Elle ressemble infiniment a l'espèce précédente; ses tiges sont couchées, hispides; les feuilles scabres; les fruits hermaphrodites, un peu hispides hémisphériques.

On trouve cette plante dans quelques endroits de l'Europe australe ; elle est annuelle.

Si l'on désire cultiver les plantes de ce genre, il suffit de leur laisser le temps de répandre leurs semences, par la maturité ; elles se multiplieront d'elles mêmes , et n'exigeront aucun autre soin , que d'être éclaircies et tenues nettes de mauvaises herbes.

CORNOUILLER, *CORNUS.*

Quoique ce genre ne paroisse pas convenir à la grande famille des étoilées et malgré que l'illustre Raî , ne le renferme pas dans cette série , il suffit que nôtre maître le chevalier de Linné lui ait donné une place dans cette famille , pour nous en tenir fidèlement à sa décision.

Le genre des cornouillers , offre des arbres, des arbrisseaux et des herbes à feuilles simples , communément opposées ; les fleurs sont en ombelles , munies d'une collerette composée de quatre folioles , ou plus souvent en corymbes rameux, dépourvus de collerettes. Ses principaux caractères sont d'avoir ; 1°. un calice très petit , supérieur, caduc, à quatre dents; 2º. une corolle presque polypétale, divisée jusqu'à sa base en quatre segmens lancéolés, pointus, ouverts et qui inférieurement adhèrent légèrement ensemble; 3º. quatre étamines dont les filamens un peu plus longs que la corolle, portent des anthères ovales et vacillantes; 4º. un ovaire inférieur, arrondi, surmonté d'un style de la longueur de la corolle, à stigmat un peu épais, obtus et comme tronqué; le fruit est une baie ronde ou ovoïde, ombiliquée, contenant un noyau osseux, biloculaire, chaque loge renferme un pépin où une amande oblongue. Cette énonciation est prise en grande partie de l'encyclopédie botanique de M. le chevalier de La Marck; ce savant me guidera dans les espèces européennes suivantes, et pour terminer cette monographie.

1. CORNOUILLER MALE.

Cornus mascula.

Cornus, Clus. *Hist.* 12.

Cornus sylvestris mas. C. B. 447. Rai, *Hist.* 1536.

C'est un arbre de moyenne grandeur, très rameux, dont le bois est dur, et remarquable en ce que les fleurs paroissent tous les ans avant le développement des feuilles; ses rameaux sont légèrement tétragones vers

leur sommet ; ses feuilles sont opposées ,
ovales, pointues, entières, à pétioles courts,
chargées de quelques poils en dessous, et
garnies de nervures parallèles et convergentes ; les fleurs paroissent dès la fin de
février, sont jaunâtres, forment de petites
ombelles composées de dix à quinze rayons
très courts, un peu velus, et uniflores ; ces
ombelles ont chacune une collerette. de
quatre folioles ovales, pointues, concaves,
presqu'aussi longues que les rayons ; les
fruits sont des baies ovoïdes ou en forme
d'olive, communément d'un beau rouge
dans leur maturité, quelquefois de couleur
de cire ou jaunâtres, d'une saveur douce,
un peu acerbe.

Cet arbre croit naturellement dans les
bois de l'Europe ; le peuple mange volontiers
le fruit qu'on nomme cornouille, il rafraî-
chit et resserre ; on prépare avec son suc une
espèce de gélée agréable qu'on fait cuire en
consistence de cotignac ; on confit la cornouille au sucre ; l'on en fait aussi un vin ;
ces diverses préparations sont astringentes ;
ce fruit appliqué en cataplasme sur la région
de l'estomac, arrête le vomissement, et en
topique sur le bas ventre, fait cesser les
pertes.

Le bois de cornouiller est propre à faire
des cerceaux, des échalas, etc. Comme cet
arbre souffre le ciseau, on peut le mettre
en palissade ou lui faire prendre telle figure
qu'on veut ; il réussit très-bien à l'ombre ;

il offre plusieurs variétés : les principales sont. 1°. Le Cornouiller mâle cultivé ou l'Acarnier. *Cornus hortensis mas*. C. B. 447.

2°. Le Cornouiller cultivé à fruits jaunes. *Cornus hortensis mas, fructu cerae coloris*, C. B. 447.

3°. *Cornus foliis eleganter variegatis*. Duroi, *Harpk*. 1. p. 171.

Les principaux iconographes du cornouiller sont Ludwig, Knorr, Duroi, Duhamel, Garsault, Gærtner, Jean Beauhin, Lecluse, Lobel, Miller.

2. CORNOUILLER SANGUIN.

Cornus sanguinea.

Cornus femina, C. B. 447. Rai, *Syn*. 460.

Virga sanguinea, Dod. *pempt*. 782.

Ossea lunicera et Rivini, Rupp. *Jen*. 93.

C'est un arbrisseau très rameux , qui s'élève sur quelques tiges à la hauteur d'environ dix pieds ; ses rameaux sont longs , droits, recouverts d'une écorce lisse, qui devient en vieillissant et surtout pendant l'hiver, d'un rouge vif tirant sur la couleur du sang ; ses feuilles sont opposées , pétiolées, ovales, pointues, entières, à nervures convergentes, vertes des deux côtés, et légèrement velues en dessous dans leur jeunesse ; les fleurs sont blanches , paroissent après le développement des feuilles, en mai et juin, forment des cimes ou corymbes en ombelle, sans collerette, dont les rayons sont rameux, et qui naissent ordinairement au sommet des petits rameaux des côtés; les fruits sont ronds, petits, noirâtres dans leur maturité, amers, stiptiques; c'est une baie.

On trouve cet arbrisseau dans les bois et les haies de l'Europe, et selon Linné, en Asie et dans l'Amérique septentrionale.

Le cornouiller sanguin, pour être commun, n'en est pas moins propre à la décoration des bosquets, il doit entrer dans la composition de ceux pour le mois de juin, où sa haute stature lui assigne une place dans les fonds et sur les derrières des massifs; ses jeunes rameaux peuvent suppléer à l'osier, pour attacher la vigne contre l'échalas; le bois sert aux tourneurs; l'on retire des pépins de sa baie noire une excellente huile à bruler.

Siton a donné dans ses mélanges la relation d'une hydrophobie guérie par l'usage de ce végétal.

Cet arbrisseau a une variété à feuilles panachées, qui est agréable à la vue.

Sa figure se trouve représentée dans Oeder, Duhamel, Gærtner, Lobel, Parkinson, Gérard, Arduin, Dioscoride, Jean Bauhin, Dodoëns, Miller.

3. CORNOUILLER BLANC.

Cornus alba.

Cornus sylvestris, fructu albo, Amm. *Ruth.* p. 198. t. 32.

Ce cornouiller forme un arbrisseau qui s'élève en buisson à la hauteur de six à neuf pieds, et dont les rameaux sont lisses, verdâtres, parsemés de quelques points tuberculeux et souvent recourbés; ses feuilles sont opposées, pétiolées, ovales, oblongues, pointues, très glabres des deux côtés, vertes en dessus, d'un blanc glauque en dessous avec beaucoup de nervures saillantes; les fleurs sont blanches, viennent en cime plane, ombelliforme, nue, assez grande et terminale, se développent en mai et juin; leurs anthères sont blanchâtres, et le bourrelet ou l'anneau charnu qui se trouve à la base de leur style, est de couleur pourpre; ses fruits sont globuleux, d'un blanc transparent dans leur maturité; cette espèce croît dans le Canada, la Sibérie et la Russie; on le cultive dans presque tous les jardins botaniques de l'Europe, où il s'est naturalisé; ses rameaux ont leur écorce d'un rouge de corail très brillant en hiver.

Ce cornouiller mérite par son beau feuillage et par ses belles cimes de fleurs, d'être employé à la décoration des bosquets d'été; ses rameaux peuvent servir a faire d'excellens liens.

Amman, Miller et Gmelin en donnent la gravure.

4. CORNOUILLER HERBACÉ OU DE SUÈDE.

Cornus suecica.
Chamaepericlymenum. Rai, *Hist.* p. 655.
Periclymenum humile, C. B. 302.
Alsine baccifera, Lind. *Wiksb.* 2.

Cette espèce n'est qu'une herbe, qui reste toujours fort basse, mais dont les fleurs sont assez jolies; la collerette de leur ombelle étant grande, corollée et pétaliforme; sa racine est menue, rampante et fibreuse; elle pousse quelques tiges droites, herbacées, hautes de cinq à sept pouces, feuillées et munies communément d'une couple de rameaux courts dans leur partie supérieure; ses feuilles sont opposées, presque sessiles, ovales, pointues, entières, glabres, à cinq nervures parallèles et convergentes; les fleurs sont petites, disposées en une ombelle simple, petite, soutenue par un péduncule, qui nait du sommet de la tige entre les deux rameaux; sous cette ombelle est une grande et belle collerette de quatre folioles ovales, blanches, ouvertes horizontalement, ce qui donne à l'ombelle l'apparence d'une seule fleur à quatre pétales; elles paroissent en juillet et août; les baies sont rouges, globuleuses, pédicellées, renferment un noyau à deux loges.

Cette

Cette plante croit dans la Suède, la Nor-
vège, la Russie, l'Angleterre, l'Irlande, le
Fridrichsthal ; elle est vivace..

L'on trouve son image dans Dillen, Oeder,
Miller, Lecluse, Gérard, Parkinson.

TABLE
DES NOMS FRANÇOIS.

* * * * * * *

C

TABLE

DES NOMS LATINS.

E R R A T A.

Page 17. ligne 26, *le* lisez (L.)
p. 18. l. 7. *Pid.* lisez *Pio.*
p. 23. l. 22. qu'il faut effacer en entier.
p. 25. l. 11. *gallium* lisez *galium*; chaque fois que ce nom générique est employé par Linné il n'y faut qu'un *l*, et *deux* quand il est employé par les autres botanistes.
p. 32. l. 15. *peurpt* lisez *pempt.*
p. 33. l. 21. *dure au* lisez *du 20 au.*
p. 35. l. 4. *Gosler*, lisez *Gorter.* ligne 14. B. lisez 3. p.
p. 38. l. 21. *une sillon*, lisez *un sillon.*
p. 39. l. 20. *allissimum*, lisez *altissimum.*
p 41. l. 6. *Kniphoffer*, lisez *Kniphoff.*
p. 55. l. 26. *finis* lisez *binis.*
p 67. l. 11. *cinanchica* lisez *cynanchica.*
p. 88. l. 22. *Cœl.* lisez *Col.*
p. 93. l. 17. *lunicera* lisez *lonicera.*